우리 아이가
첫 글쓰기를
시작합니다

우리 아이가 첫 글쓰기를 시작합니다

초판 1쇄 인쇄 2024년 10월 20일
초판 1쇄 발행 2024년 10월 31일

지은이 서미화

펴낸이 우세웅
책임편집 정아영
콘텐츠기획·홍보 김세경
북디자인 이유진

종이 페이퍼프라이스㈜
인쇄 ㈜다온피앤피

펴낸곳 슬로디미디어
신고번호 제25100-2017-000035호
신고연월일 2017년 6월 13일
주소 경기도 고양시 덕양구 청초로66, 덕은리버워크 지식산업센터 A동 15층 18호

전화 02)493-7780 | **팩스** 0303)3442-7780
전자우편 slody925@gmail.com(원고투고·사업제휴)
홈페이지 slodymedia.modoo.at | **블로그** slodymedia.xyz
페이스북·인스타그램 slodymedia

ISBN 979-11-6785-229-8 (03590)

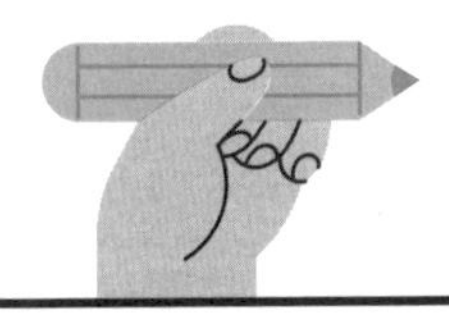

초등 입학 전 바로 시작하는 엄마표 글쓰기 수업

우리 아이가 첫 글쓰기를 시작합니다

서미화 지음

SEOLREM
설렘

추천사

글쓰기는 '써내는 것'이 아니라 '써보는 것'이라는 저자의 말이 큰 울림을 줍니다. 수년간 글쓰기 연구소를 운영하면서 아이들과 글쓰기를 해온 저자는 글쓰기가 '써내는 것'으로 인식하는 현실을 꼬집습니다. 아이들은 재미없는 것은 하기 싫어합니다. 글쓰기도 재밌어야 합니다. 재밌어서 계속 쓰다 보면 잘 쓰게 된다는 저자의 말이 가슴에 와닿습니다. 저자가 공개한 '초등 글쓰기 3단계'에는 단계별로 지도한 사례와 함께 자세한 방법이 나와 있습니다. 글쓰기를 직접 지도하고 싶은 부모님은 물론, 재밌는 글쓰기 지도 방법을 찾는 선생님들에게 유익한 내용이 가득합니다. 그동안 적절한 글쓰기 방법을 찾지 못해 어려움을 겪고 있는 부모님이라면 꼭 읽어보셨으면 좋겠습니다. 어렵고 힘든 글쓰기가 아닌 쉽고 재밌는 글쓰기가 불러올 아이들의 변화가 기대됩니다.

해법독서논술사업단장 **곽영희**

글쓰기는 아이의 내면에 담긴 생각을 흘려보내는 소중한 통로입니다. 아이의 첫 글쓰기는 인생 전반에 걸쳐 중요한 물길을 만들어가는 과정이며, 이는 학교 교육과정에서도 크게 강조되는 부분입니다. 가정에서도 글쓰기를 도와주고 싶은데 어떻게 해야 할지 고민하는 부모님들이 많으실 것입니다.
이 책에는 초등 글쓰기를 시작하는 아이를 위한 친절하고 체계적인 교육법이 담겨 있습니다. 공부만 잘하기 위한 목적을 넘어, 학습과 정서, 그리고 관계까지 함께 돌볼 수 있는 글쓰기의 본질을 담고 있어 더욱 반가운 마음입니다. 특히 학교 수업과 연계해 가정에서 실천할 수 있는 실질적인 팁이 포함되어 있어, 아이의 첫 글쓰기를 어떻게 도와야 할지 고민하는 부모님들께 오래도록 사랑받는 책이 될 것입니다.

초등학교 교사 **추교진**

저자는 오랜 시간 동안 자녀를 비롯한 많은 학생을 지도한 경험이 있는 글쓰기 선생님입니다. 이 책은 현장에서 글쓰기 지도를 했던 저자의 오랜 고민과 통찰이 담겨 있습니다. 무엇보다 아이들의 시점에서 글쓰기에 대한 어려움을 이해하고 공감하는 저자의 섬세하고 따뜻한 마음이 오롯이 느껴집니다. 실제 글쓰기 수업에서 활용했던 글쓰기 노하우는 실전에서 바로 활용이 가능할 만큼 유익한 것들이 많습니다. 글쓰기를 지도하는 선생님이나 학부모의 생각과 태도에 대한 정서적인 접근도 이 책이 특별한 이유입니다. 아이들에게 지속적이고 재미있는 글쓰기를 지도하고자 하는 선생님과 학부모에게 이 책은 따뜻하고 실용적인 길잡이가 될 것입니다.

이든국어 독서교육원 원장 **조윤주**

초등학교 저학년은 글쓰기의 기초를 다지는 중요한 시기입니다. 이 시기에 글쓰기를 어떻게 시작하느냐에 따라 글쓰기 능력이 크게 달라질 수 있습니다. 글쓰기는 꾸준한 연습이 필요합니다. 책을 읽고 글을 쓰라고 하면, 무엇을 써야 할지 모르는 아이가 많습니다. 이때 올바른 글쓰기를 할 수 있는 구체적인 방법을 알려줘야 합니다. 학부모가 먼저 이 책을 읽고 글쓰기 활동을 계획해 본다면 자연스럽게 아이들의 글쓰기 실력은 늘어납니다. 교과 활동과 각종 시험을 준비하느라 글쓰기 연습을 할 시기를 놓친 고학년 자녀를 둔 부모님들에게도 이 책은 충분한 글쓰기 지침서가 될 것입니다.

브레인논술교습소 원장 **김수진**

글쓰기가 필요하지 않은 초등학생이 없는 이유는 무엇일까요? 글쓰기는 자기 발견의 과정이며, 정체성을 찾는 데 도움을 주기 때문입니다. 이 책은 아이들에게 글쓰기가 필요 없거나, 글쓰기를 싫어하는 아이들은 없다는 걸 분명히 하고 있습니다. 아이들이 초등학교 시절에 쌓은 글쓰기 경험은 이후 학습과 성장에 큰 영향을 미칠 것입니다. 내 아이가 글쓰기에 대한 두려움을 극복하고, 자신만의 목소리를 찾기를 바라는 부모들에게 적극 권합니다. 부모와 아이가 함께 읽고, 이야기하며 글쓰기의 즐거움을 만끽할 수 있도록 돕는 훌륭한 도구가 되어 줄 것입니다.

『하루 1시간, 8주에 끝내는 책쓰기』 저자 **최영원**

초등학생과 6살 아이를 키우는 엄마로서, 아이들이 글쓰기를 어려워할 때마다 "어떻게 해야 글쓰기를 좋아하게 만들까?"라는 고민이 참 많았습니다. 그러던 중 이 책을 만나게 되었고, 마치 숨겨진 보물 지도를 찾은 기분이었어요. 이 책은 초등학생들이 글을 쉽게, 그리고 재미있게 쓸 수 있는 3단계 방법을 제시해 줍니다.

이 책 덕분에 우리 아이들은 글쓰기를 더 이상 두려워하지 않고, 자신 있게 즐기게 되었습니다. 아이가 글쓰기를 어려워한다면, 이 책 한 권으로 놀라운 변화를 얻을 수 있을 것입니다. 부모님과 아이들이 함께 재미있게 글쓰기를 배울 수 있는 완벽한 가이드가 되어 줄 것으로 기대됩니다.

어학 인플루언서 **백원정**

프롤로그

글쓰기가 필요 없는 초등학생은 없다

어릴 적 아버지는 저희 세 남매에게 매일 일기를 쓰게 하셨습니다. 초등학교에 다닐 때는 초록색 표지에 방안지 칸이 있던 노트를 사용해 일기를 썼는데, 처음에는 쓰기 싫어 미뤄두었다가 일주일 치를 한꺼번에 쓰기도 했습니다. 겨울 방학은 길다 보니 학교에 갈 때는 거의 60개에 가까운 일기를 써서 확인을 받아야 했습니다. 여느 아이들이 그랬듯이 몰아서 쓴 일기는 날씨가 문제였습니다. 어떤 날은 일주일 내내 날씨가 맑았고, 어떤 날은 일주일 내내 비가 온다고 쓰기도 했습니다. 게다가 내용도 다양하지 못해 늘 '놀이터', '인형놀이', '방학 숙제' 등을 반복해서 쓰곤 했습니다.

지나고 보니 학창 시절에 쓴 수많은 일기는 고민과 걱정을 토

로하는 공간이었습니다. 특히, 고등학생 때는 미래에 대한 고민을 많이 기록했습니다. 일기는 많은 시간을 저에 대해 생각하게 해 주었고, 고뇌하는 것들을 늘 차분히 들어주었습니다. 그렇게 꾸준히 글을 쓰는 습관 덕분에 고단한 학창 시절을 단단하게 견딜 수 있었고, 어른으로 성장해 엄마가 되었습니다.

세 아이를 키우며 '종이접기', '워크북 만들기', '박물관, 미술관 투어' 등 많은 활동을 하면서 지냈습니다. 아이들이 좋아하기보다는 제가 신나서 한 일이 더 많았습니다. 활동을 하고 집에 와서는 아이들과 같이 팸플릿이나 사진들을 일기에 붙이고 글을 쓰는 일을 잊지 않았습니다. 물론 처음부터 호의적이었던 건 아니었습니다. 엄마가 멈추지 않고 뭔가를 계속 쓰니 아이들도 자연스럽게 쓰는 일이 일상이 되었던 것입니다.

그렇게 아이들은 늘 무엇인가를 끄적이며 성장했고, 저는 아이들의 글에 첨삭 대신 댓글을 달아주는 엄마로 살았습니다.

논술 강사가 된 지금도 아이들과 논술로 만나는 매 순간, 글을 쓰며 성장하길 바라는 마음으로 댓글을 달고 있습니다.

초등학교에 들어가기 전, 아이들의 글쓰기는 자유로운 영혼 같습니다. 하지만 학교에 들어가면 상황이 달라집니다. '쓰는 것만으로도 충분하다'고 했던 말들이 사라지며, 당장 주어진 과제를 수행하기에 급급합니다. 그 첫 과제의 이름은 '받아쓰기'입니다.

'받아쓰기'는 1학년이라면 누구나 해내야 하는 필수 과제입니다. 하지만 이것은 시작일 뿐입니다. 알림장 쓰기, 학습 일기, 감사 일기 등 다양한 글쓰기가 아이들을 기다리고 있으니까요. 이때부터 아이는 글쓰기가 버겁고 어렵게 느껴집니다.

글쓰기에 흥미를 가지려면, 초등학교 저학년 때까지의 글쓰기 환경이 중요한 역할을 합니다. '어떻게 시작하느냐'에 따라 초등학교 6년간의 글쓰기 습관이 결정되기 때문입니다. 지금까지의 글쓰기가 단순히 쓰고 싶은 대로 나열하는 수준이었다면, 이제는 생각을 정리하고 본격적으로 글쓰기를 시작해야 할 때입니다.

이 책은 우리 아이가 글쓰기에 흥미를 가지고 빠져들기 위한 환경 설정 방법을 3단계로 나누어 재미있는 에피소드와 함께 부담 없이 읽고 적용할 수 있도록 구성하였습니다.

첫 번째 단계는 '쓰기 위한 읽기'로, 다양한 경험을 통해 읽기의 재미를 느낄 수 있는 방법을 제시했습니다. 두 번째 단계에서는 '쓰기 위한 질문'으로, 질문을 통해 구체적인 이야기를 만들고 활용하는 방법을 제시하였습니다. 마지막으로 '쓰기 위한 쓰기' 단계에서는 읽고, 질문하고 생각한 것을 바탕으로 쓰기 독립을 이룰 수 있도록 다양한 실제 경험을 제공하고, 현실적으로 적용할 수 있는 방법들을 제시해 두었습니다.

"글쓰기가 필요하지 않은 초등학생은 없습니다.

이 책이 책장 한가운데 꽂혀, 늘 펼쳐 보며 든든한 선생님이 되어 주길 바라봅니다."

여름의 끝자락에서

서미화

차례

3장

무작정 따라 하면 완성되는 초등 글쓰기 3단계

3단계 **쓰기 위한 쓰기**

4장

쓰기를 멈추게 하는 부모의 말. 말. 말.

부록

매일 필요한 글쓰기 재료

1장

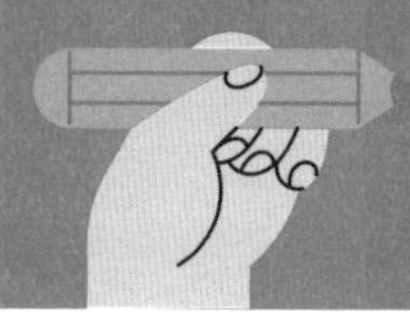

초등학생 say, 글을 쓰니 이런 것들이 달라졌어요

내 글씨 예뻐졌나요?

"아현아, 너 글씨 예뻐졌다."

"아름아, 네 글씨도 예뻐."

"어디 볼까? 둘 다 선생님보다 잘 쓰는데?"

수업을 하다 보면 아이들이 서로의 글씨를 보고 감탄하는 일이 많다. 처음 논술 수업에 들어왔을 때 지렁이처럼 꼬불거리던 글씨도 어느새 반듯하고 네모난 모양으로 바뀌는 모습을 보면 놀랄 때가 많다.

아이들이 논술 수업을 들으러 오는 이유는 보통 두 가지로 나뉜다. 첫 번째는 책을 좋아해서 더 많은 책을 읽고 싶기 때문이고, 두 번째는 책 읽는 건 별로 좋아하지 않지만, 국어 공부에 도움이 되길 바라는 부모님의 기대 때문이다.

첫 번째 부류의 아이들은 시간이 지날수록 많은 것을 스스로 배운다. 좋은 책을 스스로 선택하고, 글씨를 예쁘게 쓰는 법도 스스로 터득한다. 책 속의 문장을 따라 쓰거나 생각 쓰기를 하다 보면 글씨체가 단정해지고, 문장 쓰는 능력도 좋아지기 때문이다. 반면, 책 읽는 것을 좋아하지 않는 친구들은 좋은 책을 스스로 찾는 데 시간이 걸린다. 하지만 이 친구들도 꾸준히 글을 쓰다 보면 글씨가 예뻐지고, 글쓰기도 좋아하게 된다. 누구나 이렇게 될 수 있다면, 해 볼 만하지 않을까?

4학년 아름이와 아현이는 논술 수업을 유난히 좋아했다. 단어 하나만 가지고도 1시간을 10분처럼 즐겁게 보낼 정도로 수업 시간이 웃음소리로 가득했다. 그런데 어느 날부터 아름이가 글씨를 흘려 쓰기 시작했다. 무슨 일인지 물어봤지만, 대답하지 않았다. 알고 보니, 3학년 때부터 같이 수업을 하던 아현이의 글씨가 몰라보게 예뻐져서 순간 경쟁심이 생긴 것이었다. '경쟁심이 생기면 더 잘 써야 하는 게 아닐까?'라고 생각할 수 있지만, 아이들은 '이길 수 없다면 그냥 포기하자'라고 생각하는 경우도 있다.

그래서 시도한 방법은 '서로 칭찬해 주기'였다. 서로의 글과 글씨를 칭찬해 주고, 꾸준히 쓰게 했다. 서로 칭찬해 주기가 통했는지 어느 순간 다시 본래의 모습으로 돌아왔다.

글씨를 예쁘게 쓰는 것은 단순히 글씨 모양만 좋아지는 것이 아니다. 글씨를 예쁘게 쓰는 과정에서 좋은 습관이 생긴다. 예쁘게 쓰다 보면 쓰는 것이 좋아지고, 쓰는 것이 좋으면 글씨는 더 예뻐진다.

예쁜 글씨를 쓰기 위해서는 몇 가지 방법이 필요하다.

첫째, 바른 자세다. 바로 앉아서 연필을 바르게 잡는 것은 예쁜 글씨를 위한 준비 단계다. 둘째, 빈 노트보다는 줄 노트를 사용한다. 줄 노트를 사용하면 정해진 칸에 쓰게 되어 모양과 크기가 일정해진다. 마지막으로 꾸준히 쓰기다. 매일 조금이라도 꾸준히 쓰게 되면 예쁜 글씨를 나만의 필체로 만들 수 있다.

'좋아지면 닮아간다'는 말이 있다. 예쁜 글씨는 예쁜 글씨를 닮아간다. 친구들의 예쁜 글씨를 보고 따라 하다 보면 자연스럽게 글씨가 예뻐진다. 서로의 글씨를 보고 칭찬을 하고 격려도 해 준다면 꾸준하고 예쁘게 쓸 수 있는 동기부여도 될 것이다.

"글쓰기를 하면 글씨가 예뻐질 수 있어요." - 4학년 이윤진

"글쓰기를 하면 글씨가 예뻐지고 글씨가 일자로 바르게 써져요." - 4학년 소하린

"글씨를 잘 쓰면 글솜씨가 좋아져요." - 4학년 박찬혁

글씨를 예쁘게 쓰기 위한 방법

1. **바른 자세로 앉아서 쓴다** : 등을 펴고, 의자에 앉아서 편안하게 쓴다. 몸을 앞으로 조금만 기울이면 글씨를 잘 쓰는 데 도움이 된다.

2. **줄 노트를 이용한다** : 줄이 그어진 노트를 사용한다. 줄을 따라 글자를 쓰다 보면, 높이와 간격이 일정해져 글씨가 더 예쁘게 보인다.

3. **매일 한 줄이라도 쓴다** : 매일 한 줄씩 쓰는 걸 연습한다. 책상에 앉았을 때, 무엇을 생각하고 있는지 한 줄로 써 보는 것부터 시작한다.

4. **2B 연필을 사용한다** : 2B 연필을 사용하면 조금만 힘을 주어도 진하게 쓸 수 있어 글자가 선명하게 보인다.

5. **간단한 글씨체를 연습한다** : 예쁜 글씨체를 배우면 글씨가 예뻐진다.

6. **글자를 너무 붙여 쓰지 않는다** : 글자 사이에 공간을 두면 글씨가 깔끔해 보인다.

지금보다
더 잘 쓰고 싶어요

글쓰기를 잘하고 싶다는 생각은 누구나 해봤을 것이다. 어른도, 아이도 글쓰기를 통해 많은 것을 배우기 때문이다. 글쓰기는 가랑비에 옷이 젖듯, 천천히 나아간다. 쓰면 쓸수록 더 잘 쓰고 싶은 마음은 누구나 같다. 하지만 아무 준비 없이 글을 쓸 수는 없다. 좋은 글이 무엇인지 알아야 시작할 수 있다. 좋은 글은 다음 세 가지 법칙만 기억하면 된다.

- 읽기 쉬워야 한다.
- 문장이 간결하고 명확해야 한다.
- 주제와 내용이 잘 연결되어야 한다.

이 기본 법칙을 따르면, 글이 다른 주제로 새는 것을 막고, 읽기 쉬운 문장이 된다.

그런데 왜 쓰면 쓸수록 잘 쓰고 싶어지는 걸까?

4학년 소하린 학생은 『초정리 편지』(배유안, 창비)를 읽고 다음과 같은 서론을 썼다.

"이 책의 표지를 봤을 때 남자 주인공은 한글을 아는데 여자 주인공은 한글을 몰라 서로 편지를 보낼 수 없어 여자 주인공이 한글을 알아가는 내용인 줄 알았는데 주인공 장운이가 토끼눈 할아버지를 만나 한글을 알아가는 이야기였다."

하린이에게 남자 주인공은 한글을 알고 왜 여자 주인공은 한글을 모른다고 생각했는지 물어봤더니, 조선 시대라 여자는 한글을 배우기 어렵다고 생각해서 이렇게 적었다고 한다. 역사를 알고 글을 쓰니 알고 있는 내용을 좀 더 깊게 서론에 넣을 수 있었다.

처음 원고지에 쓰는 상황이라 다시 쓰기를 권유해 보았다. 스스로 조금 더 나은 문장을 찾기 위해 애쓰는 모습이 기특했다.

그리고 한마디를 했다.

"선생님, 더 잘 쓰고 싶어요."

그렇게 다시 쓴 문장이다.

"이 책의 표지를 봤을 때 주인공들이 한글을 몰라 어려움을 겪는 이야기인 줄 알았다. 하지만 주인공 장운이가 토끼눈 할아버지(세종대왕)를 만나 한글을 알아가는 이야기로 세종대왕님이 만드신 한글을 생각하며 흥미롭게 읽었다."

글을 잘 쓰고자 하는 마음은 글을 써본 사람들만이 느낄 수 있는 특별한 감정이다. 조급하게 한 편의 글을 쓰기보다는 여러 번 애정을 담아 글을 쓰고 고치는 과정을 반복하면, 글쓰기가 어느 순간 부담이 아닌 즐거움으로 다가온다.

하지만 모든 아이들이 이런 생각을 하는 것은 아니다. 한 번 쓰기도 힘들어하는 아이들이 많다. 그래서 처음에는 적은 분량의 책으로 짧은 글쓰기를 시작하는 것이 좋다. 처음 시작은 어렵지만 한 문장이 두 문장이 되고, 두 문장은 어느 순간 열 문장이 될 수 있다.

많이 쓰게 하려는 욕심이나 한 번에 완벽하게 써야 한다는 부담을 내려놓으면, 많은 아이들이 글쓰기에 재미를 느낄 수 있다. 아이들의 글쓰기는 얼마나 많이 쓰느냐가 아니라, 어떻게 접근하느냐에 따라 달라질 수 있기 때문이다.

글쓰기를 잘하고 싶다는 마음은 중요하다. 글쓰기는 자신의 생각을 표현하고, 세상과 소통하는 멋진 방법이다. 아이들이 글쓰기에 흥미를 잃지 않도록 즐겁게 글쓰기를 할 수 있게 도와주면, 아이들은 이렇게 말할 것이다.

"더 잘 쓰고 싶어요."

좋은 글이 되기 위한 3가지 법칙

* 예시 1보다는 예시 2가 읽기 쉽고 간결해 주제를 쉽게 파악할 수 있다.

1. 읽기 쉬워야 한다

이해하기 쉬운 단어를 사용하고, 한 문장에 여러 가지 정보를 담지 않는다.

예시 1 오늘 학교에서 실시된 비디오 컨퍼런스는 매우 유익하고 흥미로웠다.

예시 2 오늘 학교에서 비디오 수업을 했다. 재미있었다.

2. 문장이 간결하고 명확해야 한다

수식어나 부사 같은 불필요한 단어를 줄이고, 핵심 내용을 직접적으로 전달한다.

예시 1 그는 매우 빠르게 달려서 빠르게 결승선을 통과했다.

예시 2 그는 빠르게 달려 결승선을 통과했다.

3. 주제와 내용이 잘 연결되어야 한다

각 문단의 첫 문장에서 주제를 제시하고, 뒷 문장은 앞서 나온 내용과 자연스럽게 이어지도록 한다.

예시 1 기술 발전은 우리의 삶을 편리하게 만들었다. 또한, 역사적으로 많은 발명품이 우리 생활에 큰 변화를 가져왔다. 예를 들어, 전구와 자동차는 사람들의 일상에 혁신을 일으켰다.

예시 2 기술 발전은 우리의 삶을 편리하게 만들었다. 예를 들어, 전구와 자동차는 사람들의 일상에 큰 변화를 가져왔다.

학교 공부가 쉬워져요

단계별 글쓰기를 통해 학교 공부가 쉬워진다는 게 가능할까? 아이들과의 대화를 통해 답을 알 수 있는 질문이다. 독서와 글쓰기를 하는 아이들에게 달라진 점을 물어보면 열 명 중 여섯, 일곱 명 정도의 친구들이 '학교 공부가 쉬워졌다'고 말한다.

하지만 독서와 글쓰기는 한글을 익히는 교육과 별반 다를 것이 없으니 시기가 되면 저절로 터득하게 된다고 생각하는 학부모들도 많다. 결론부터 말하면 그렇지 않다. 시기별, 단계별로 독서와 글쓰기에 대한 교육을 제대로 받지 않으면 아이들의 독서와 글쓰기 능력에 구멍이 생긴다. 작은 구멍이든 큰 구멍이든 말이다.

초등학교 때까지는 책을 많이 읽지 않아도, 쓰는 연습이 서툴러도 학교 공부를 하는 데 큰 지장이 없을지 모른다. 하지만 학년이 올라가면서 읽고 쓰는 능력이 따라 주지 않으면 글쓰기 능력과 상관없어 보이는 수학조차도 버거워하는 경우를 흔히 볼 수 있다.

글을 쓰는 능력은 독서를 통해 확장되는데, 학교 수업에 바로 적용되지 않아도 공부를 하는 데 필요한 요소들은 주로 이 과정에서 쌓이게 된다. 그리고 이 과정은 많은 시간을 공부에 할애해야 하는 고학년 시기에 좋은 영향을 준다.

학원에 다니는 아이들의 이야기를 들어보면 수학 학원에서도 책을 읽고 글을 쓰는 것을 중요하게 생각한다고 한다. 그래서 수학 학원, 영어 학원에서 독후감 숙제를 내주는 경우도 어렵지 않게 볼 수 있다. 학년이 올라가면 암기 위주의 공부가 아닌, 암기를 기본으로 한 적용과 확장이 필요하기 때문이다.

글쓰기는 누구나 다 할 수 있는 활동이라 생각하기 쉽지만, 실제로는 그렇지 않다. 따라서 글쓰기 능력으로 학교 공부가 쉬워졌다는 것은 흔한 일이 아니다.

글을 쓰면서 아이들은 생각을 한다. 이 '생각'이 모든 과목에 적용된다. 학교 공부가 쉬워졌다고 하는 아이들을 보면 요리조리 생각을 많이 하는 경향이 있다. 글을 쓰는 데는 정해진 과목이 없다. 아이들의 글쓰기를 보면 그 속에 수학도 있고, 사회도 있고, 과학도 있다는 것을 알 수 있다. 독서와 글쓰기는 자기 주도 학습의 바탕이 되어 아이들이 스스로 공부하는 습관을 만들어 준다.

자기 주도 학습이 어려운 것은 아이들이 하고 싶은 일을 찾는 것이 습관화되지 않았기 때문이다. 초등학교 시절 꾸준하게 책을 읽고, 글쓰기를 하면 중·고등학교 때 쉽게 만들 수 없는 학습 습관을 익힐 수 있다. 자기 주도 학습은 스스로 무엇인가 해낼 수 있다는 의지가 쌓이고, 그것이 습관이 됐을 때 가능한 일이다.

초등학교 3학년과 6학년 교과서를 비교해 보면 지문이 많이 길어진다는 것을 알 수 있다. 글씨도 작아진다. 3학년까지 글쓰기에 흥미를 느끼지 못하면 6학년이 되어서도 글쓰기는 재미없는 영역이 될 가능성이 크다. 꾸준히 쓰지 않으면 6학년에 가서 '열 줄 쓰기'는 어려운 일이 된다.

반면, 초등학교 때 글쓰기에 흥미를 가지면 학년이 올라가면서 학습하는 다양한 과목에 좋은 영향을 준다. 모든 과목들이 서로 연결되어 도움을 주고받기 때문이다. 글쓰기를 꾸준히 하는 친구들의 학교 성적이 오르는 것은 어쩌면 당연한 일인지도 모른다. 쓰려면 생각해야 하고, 생각하기 위해서는 읽기가 필요하니 말이다.

글을 쓰는 것은 단순히 학교 공부에만 도움을 주는 것이 아니라 아이들의 전반적인 학습 능력을 향상시켜주는 중요한 요소로 학업 성취도에 큰 영향을 미친다. 학교 공부가 쉬워지는 비법은 바로 '글쓰기'에 있는 것이다.

학교 공부가 쉬워지는 글쓰기 활용 팁

1. 꾸준한 연습

매일 조금씩 글을 쓰는 습관을 만든다. 일기를 쓰거나 배운 내용을 요약하거나 짧은 신문 기사를 다시 써보는 것도 글쓰기 향상에 도움이 된다.

2. 주간학습 계획표를 활용하여 교과와 연계된 글감 찾기

초등학생들은 보통 일곱 과목 내외의 수업을 듣는데 수업 시간에 배운 내용을 바탕으로 글을 쓰다 보면 다양한 글쓰기 주제를 학습과 연관해서 쓸 수 있다. 특정 역사 사건이나 과학 개념들에 대해서 나만의 방식으로 풀어 나가는 글쓰기를 하다 보면 학습한 내용을 더욱 깊이 이해할 수 있다. 특히, 학교에서 나눠주는 주간학습 계획표를 활용하면 학습에 필요한 글감을 학교 수업과 연계해서 구체적으로 얻을 수 있다.

3. 구조화된 글쓰기 연습

글을 쓸 때는 짧은 글이라도 서론, 본론, 결론의 구조를 명확히 하는 것이 글쓰기 연습에 도움이 된다. 서론에서는 '글의 주제'를 소개하고, 본론에서는 '주제를 자세히 설명'하며, 결론에서는 '요약 및 의견을 제시'하면 된다. 구조화된 글쓰기는 논리적 사고와 자신감을 키우며, 한눈에 글을 파악하는 데도 도움을 준다.

일기가 쓰고 싶어요

"일기가 쓰고 싶어요."

이 말은 부모님이나 선생님들이 아이들에게 가장 듣고 싶어 하는 말이다. 일기는 아이들이 직접 경험하고 느낀 것을 글로 표현하는 것으로 다양한 이야기들이 쏟아져 나온다. 아이들의 이야기에는 그야말로 무궁무진한 글감이 있다.

3학년 은아가 처음부터 글쓰기를 좋아했던 것은 아니다. 1학년 때 받아쓰기로 인해 완벽주의 성향이 생겼고, 글쓰기를 통해 그 성향이 나타났다. 은아는 띄어쓰기나 맞춤법을 지적받으면 앞으로 나아가지 못했다.

하루는 일기를 쓰고 있는데, "아침에 학교를 가는데 비가 왔다."라는 문장을 써 놓고 한참을 빈 종이만 쳐다보고 있었다. 그래서 "다음은 어떤 문장을 써보면 좋을까?"라고 물었더니, 등교하면서 일어났던 이야기를 신나게 했다.

"좋아! 그럼 지금 이야기한 걸 써볼까?" 했더니, 틀리면 혼날까 봐 쓰기가 너무 무섭고 두렵다고 했다. '두렵다'는 말이 안쓰럽게 느껴졌다. 세상에 완벽한 문장이 있다고 누가 말했을까? 가르치는 나조차도 완벽하지 않은데 말이다.

은아에게는 '막 쓰기'가 필요하다. 틀려도 괜찮으니 자신의 이야기를 아무런 방해도 받지 않고 쓰는 '검사가 필요하지 않은 글쓰기'가 필요한 것이다. 대부분 아이들은 '글쓰기'를 누구의 확인이 필요한 과제물 정도로 생각한다. 하지만 확인이 필요한 글을 쓰다 보면 자발적으로 글을 쓰는 행동에 어려움을 느낀다.

초등학교 5학년이 되면 사춘기가 시작되는 아이들이 많은데 5학년 유진이와 한별이가 비밀 일기를 쓴다고 해서 조심스럽게 물어봤다.

"비밀 일기에는 무슨 이야기를 쓰는 거야?"

"선생님, 원래 일기는 아무한테도 말하거나 보여주는 게 아니에요."

엄마가 볼까 봐 열쇠로 잠그고, 비밀번호를 잊어버릴까 봐 일기장 뒤에 작게 적어놓았다고 한다. 내용은 얘기해 주지 않았지만, 아이들의 표정에서 알 수 있었다. 얼마나 고뇌하며 일기를 쓰는지 말이다. 학교생활을 하다 보면 친구들과 싸울 때도 있고, 혼자 울고 싶을 때도 있는데 그럴 때 비밀 일기장에 글을 쓰다 보면 힘들었던 순간들이 다 사라진다고 한다. 두렵고 무서운 상황에서 스스로를 지키는 것이 '글'이 된 것이다.

만약, 내 아이가 비밀 일기를 쓰고 있다면, 그 사실을 알게 되더라도 모른 척 넘어가야 한다. 나중에 찢어 버리고 싶을 만큼 창피한 이야기일 수도 있지만, '비밀 일기'라는 글쓰기를 통해 자신의 이야기에 귀를 기울이고 참을성 있는 아이로 자라기 때문이다.

'일기 쓰기'는 아이들의 하루를 돌아보고 정리하는 가장 좋은 방법이다. 완벽하지 않아도 괜찮다. 중요한 것은 자신의 이야기에 귀 기울이는 방법을 알게 되고, 그 경험을 쓸 줄 아는 아이로 성장할 수 있다는 것이다.

직접 경험하고 느낀 것을 글로 표현하는 세 가지 방법

1. 구체적으로 묘사하기

경험한 순간을 생생하게 전달하기 위해서는 구체적인 묘사가 필요하다. 아이들이 경험한 것을 시각, 청각, 촉각, 후각, 미각 등의 감각을 통해 구체적으로 묘사하도록 한다.

- **구체적인 질문:** 아이들에게 "무엇을 보았어?", "어떤 소리를 들었어?", "어떤 느낌이었니?"와 같은 질문을 던져 경험을 구체적으로 묘사하게 한다.

  예시 "오늘 아침, 나는 부드러운 햇살이 창문을 통해 들어오는 것을 느꼈다. 창밖에서는 새들의 지저귐이 들려왔고, 나는 따뜻한 코코아를 마시며 하루를 시작했다."

2. 감정 표현하기

경험한 사건이 어떤 감정을 불러일으켰는지 표현하게 한다. 감정 표현은 글의 깊이를 더해 준다.

- **구체적인 질문:** 감정 표현을 돕기 위해 감정 단어 목록을 제공하고, 아이들이 다양한 감정을 사용해 보도록 격려한다. "기분이 어땠어?", "그때 어떤 생각이 들었어?"와 같은 질문을 통해 감정을 표현하게 한다.(감정 단어 목록_ p128)

  예시 "친구와 싸운 후 나는 매우 속상하고 외로웠다. 하지만 화해를 하고 나니 마음이 편안해졌다."

3. 경험한 이야기 구조화하기

사건의 시작, 중간, 끝을 명확하게 구분하여 구조화된 글쓰기를 할 수 있도록 한다.

- **구체적인 질문:** "처음에 무슨 일이 있었어?", "중간에 어떤 일이 일어났어?", "결과는 어땠어?"와 같은 질문을 통해 사건의 흐름을 정리하게 한다.

예시 "어제 공원에서 자전거를 탔다. 처음에는 넘어질까 봐 두려웠지만, 점점 익숙해지면서 신나게 달릴 수 있었다. 마지막에는 엄마가 칭찬해 주셔서 정말 기뻤다."

'어떻게 쓸까'가 '이렇게 써볼까'가 되는 글쓰기

"선생님, 어떻게 써요?"

글쓰기를 막 시작한 아이들이 자주 하는 질문이다. 글을 많이 써본 적이 없기 때문에 어떻게 써야 할지 궁금해하는 것은 자연스러운 일이다. 그런데 그 궁금증이 단순한 호기심이 아니라 정말 글쓰기를 어떻게 하는지 알 수 없어 묻는 아이들이 있다. 그런 아이들은 처음에 한 줄을 쓰고, 다음 줄을 쓸 때 또 묻는다.

"선생님, 그다음은 뭘 써요?"

이런 아이들은 집에서도 문장을 쓸 때마다 부모님께 묻곤 한다.

그렇다면 글쓰기를 어떻게 시작하면 좋을까? 우리는 즐거운 일은 빨리 기억하고 오래 기억한다. 글쓰기가 재미있다고 느끼면 그 기억이 오래 남아 다음 글쓰기도 즐거운 경험이 될 수 있다.

하지만 아이가 "어떻게 써요?"라고 물었을 때, "몇 학년인데 아직도 그걸 묻니?"라는 말로 핀잔을 주면 아이는 글쓰기에 대한 흥미를 잃게 된다. 따라서 처음부터 긴 글을 쓰도록 강요하지 않는 것이 좋다. 학년이 높다고 해서 모든 아이가 그 학년에 맞는 글을 쓸 수 있는 것은 아니기 때문이다.

아이가 "어떻게 써요?"라고 물으면, 조금 덜 쓰더라도 스스로 쓸 수 있는 환경을 만들어 주는 것이 가장 중요하다. 쓸 수 있는 환경은 '글감을 만들어 주는 것'이다.

4학년 윤진이는 지난주에 한 일 중 가장 좋았던 기억을 세 줄 일기로 썼다.

"오빠 입학식에 갔다. 엄마랑 아빠랑 밥을 먹었다. 집에 갔다."

이렇게 글을 쓰다 보면 글쓰기 실력이 늘지 않을 가능성이 크다. 단순히 경험한 일을 나열하는 것에 그치기 때문이다. 아이들에게 자율성을 주면 자연스러운 이야기를 들을 수 있지만, 이 경우에는 적절한 질문을 통해 입학식의 모습과 분위기를 구체적으로 묘사하도록 도와줘야 한다.

"입학식에 가면서 무엇을 했어?"

"꽃을 샀어요. 엄마가 하나면 된다고 했는데 제가 졸라서 하나를 더 샀어요."

"언니, 오빠는 강당에서 무엇을 하고 있었니?"

"교장 선생님의 말씀을 듣고 있었어요."

이처럼 주제를 주고, 질문을 통해 구체적으로 쓸 수 있게 도와주면 세 줄 일기라도 멋진 글이 될 수 있다. 바로 이렇게 말이다.

"오빠의 입학식이라 엄마를 졸라 학교 앞에서 꽃을 샀다. 강당에 들어가니 언니, 오빠들이 듬직하게 서서 교장 선생님의 말씀을 듣고 있었다. 나도 언젠가는 멋진 중학생이 되고 싶다."

아이들이 "어떻게 써요?" 대신 "이렇게 쓰면 어때요?"라고 스스로 질문할 수 있도록 돕는 것은 어른들의 역할이다. 아이들이 글쓰기를 두려워하지 않고 즐길 수 있도록 하려면, 스스로 쓸 수 있다는 용기가 가장 중요하기 때문이다.

'어떻게 써요'가 아니라 '이렇게 쓰면 어때요'가 되기 위한 세 가지 방법

1. '이렇게 해 보면 어떨까?'로 질문한다

아이에게 "이렇게 해!" 대신에 "이렇게 해 보면 어떨까?"라고 물어본다. 예를 들어, 숙제를 할 때 "다른 방법으로 풀어볼까?"라고 물어보면 아이가 여러 가지 방법을 생각해 볼 수 있다.

2. 실수에서 배우는 법을 가르친다

아이들이 실수했을 때 "괜찮아, 이번엔 이렇게 해 봤네. 다음엔 또 다른 방법으로 해 보자."라고 말하면 아이들이 더 용감하게 도전할 수 있다.

3. 스스로 선택할 기회를 준다

아이에게 선택할 수 있는 기회를 주는 것은 중요하다. 예를 들어, 글쓰기를 할 때, "빈 노트와 줄 노트 중 어떤 곳에 써볼까?"라고 물어보면 아이가 스스로 결정하는 방법을 배울 수 있다.

생각이나 느낌을 쓰는 건 어려워!

"선생님, 생각이나 느낌은 어떻게 쓰나요?"

아이들에게 많이 받는 질문 중 하나다.

그렇다면 생각이나 느낌을 어떻게 써야 할까? 얼마나 길게 써야 할까? 길면 길수록 좋은 걸까? 꼭 그렇지는 않다.

아이들이 생각이나 느낌을 글로 표현하는 것은 매우 어려운 일이다. 하지만 어떤 주제든 글을 쓸 때는 생각이나 느낌이 반드시 필요하다. 얼마나 길게 썼는지보다 진솔한 생각과 감정을 얼마나 자세히, 풍부하게 표현했는지가 글의 흐름을 결정하기 때문이다.

먼저, 책의 내용을 정리한 후 세 문장으로 요약해 보는 것이 좋다. 세 문장이 어렵다면 한 문장부터 시작하면 된다. 여러 번 쓰다 보면 생각이나 느낌을 쉽게 쓸 수 있다.

생각이나 느낌을 쓸 때 어려움이 있다면 다음 세 가지 방법을 활용할 수 있다.

첫째, '책의 마지막 문장 다시 읽어보기'. 작가가 왜 그 문장으로 끝냈는지 생각해 보면 자신의 생각을 좀 더 쉽게 나타낼 수 있다. 작가의 표현을 인용해 보는 것도 하나의 방법이다.

둘째, '비슷한 경험이 있는지 떠올려 보기'. 책에서 읽은 내용과 비슷한 경험이 있다면 그때의 감정을 떠올려 보고 어떤 감정이 들었는지 생각해 보는 것도 좋은 방법이다. 예를 들면, "나도 주인공처럼 친구랑 싸운 적이 있었어. 그때 너무 서운하고 슬펐어. 친구랑 다시 화해하고 싶었어."와 같이 그때의 감정을 적어보면 좀 더 구체적으로 표현할 수 있다.

셋째, '앞으로의 이야기 상상하기'. 아이들은 상상하기를 좋아하기 때문에, 책을 읽고 느낌을 쓰는 것보다 상상하며 자신의 생각을 표현하는 것에 더 흥미를 느낀다. 예를 들면, "만약 주인공이 새로운 모험을 시작한다면 어떤 일이 벌어질까? 주인공은 어떤 선택을 할까?"와 같이 상상하며 느낌을 쓰면 좀 더 쉽게 표현할 수 있다.

그럼 아이들의 생각이나 느낌이 잘 전달된 글을 한 번 살펴보자.

"오늘 많이 힘들었지만 다음에 또 가고 싶다는 생각이 들었다."

- 4학년 이윤진

"이원철은 우리의 자랑스러운 천재 천문학자인 것 같다."

- 4학년 소하린

"공이 밖으로 멀리 나가면 가져오기 귀찮으니까 너무 세게는 던지지 말아야 한다."

- 4학년 박찬혁

"나는 건우의 행동을 보면서 달인이 되어야겠다고 생각했다."

- 3학년 최아빈

"엄마가 집에 간다고 해서 불안했다. 불안한 마음만 아니었으면 야시장을 좀 더 구경하고 싶었는데 아쉬웠다."

- 5학년 김해랑

"아주 재미있고, 힘들었지만 가장 신나고 재밌는 하루이기도 했다. 꼭 다시 가보고 싶지만 너무 힘들어서 벌써 걱정이다."

- 5학년 이한별

"나는 이 책을 읽고 우리가 환경을 보호해야 한다고 생각했어. 너도 같이하면 좋을 것 같아!"

- 5학년 정유진

"수리의 엄마는 완벽한 딸을 원했다. 하지만 이 세상에 완벽한 사람은 없다. 엄마가 울타리를 쳐 놓은 와중에도 수리는 오아시스를 찾으려고 노력했다. 이 소설을 읽고 나니 오아시스의 의미가 다르게 느껴졌다. 나도 나만의 오아시스를 찾고 싶다."

- 6학년 조효원

"이 책을 읽고 나니 스티브 잡스의 회사인 애플이 왜 그렇게 큰 성공을 거두었는지 알 것 같다. 세상에는 괴짜가 많다. 하지만 세상의 모든 사람들을 편리하게 하고 생산자의 입장을 이해시켜 준 사람은 스티브 잡스가 유일한 것 같다. 하지만 책을 읽는 내내 스티브 잡스가 가지고 있는 외로움은 감출 수 없었던 것 같다. 사회적인 성공을 거두었지만 사람으로서는 행복하지 않았던 것 같아 안타까웠다."

- 6학년 정현지

생각이나 느낌을 거창하게 쓸 필요는 없다. 단순하고 간결하게 마무리하는 것이 가장 좋은 방법이다.

생각이나 느낌을 쓸 때 어려움을 극복하는 세 가지 방법

1. 책의 마지막 문장 다시 읽어 보기

책의 마지막 문장을 다시 읽고, 작가가 왜 그 문장으로 끝냈는지 생각해 보면 자신의 생각과 감정을 좀 더 쉽게 표현할 수 있다. 예를 들어, "책의 마지막 문장에서 주인공이 떠난 이유는 무엇일까?"와 같은 질문을 던져 나라면 어떻게 했을지 생각해 보게 한다.

2. 비슷한 경험이 있는지 떠올려 보기

책에서 읽은 내용과 비슷한 경험이 떠오르는지 생각해 보면 그때의 감정을 떠올리며 쓸 수 있다. 이렇게 하면 좀 더 구체적으로 감정을 표현할 수 있다. 예를 들어, "나도 주인공처럼 새로운 학교로 전학을 갔던 적이 있었어. 처음에는 낯설고 두려웠지만, 점점 새로운 친구들을 사귀게 되면서 적응할 수 있었어."

3. 앞으로의 이야기 상상해 보기

앞으로 이야기가 어떻게 진행될지 상상해 보면 궁금증을 끌어내는 생각이나 느낌을 쓸 수 있다. 예를 들어, "만약 주인공이 새로운 도시에서 친구를 사귀지 못한다면 어떤 일이 벌어질까? 주인공은 외로움을 어떻게 극복할 수 있을까?"와 같이 상상하며 생각이나 느낌을 쓰면 좀 더 쉽게 표현할 수 있다.

2장

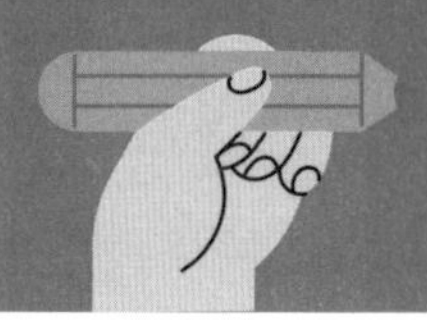

쓰지 않으면 살아남기 힘들다

하버드에서는 글쓰기를 가르친다

하버드 대학교는 세계적으로 명성 높은 교육 기관으로, 뛰어난 학문적 전통을 자랑한다. 많은 사람들이 하버드를 떠올릴 때 우수한 교수진과 연구 성과를 먼저 떠올리지만, 하버드의 교육 과정에서 빼놓을 수 없는 것이 바로 '글쓰기'다. 하버드는 신입생들에게 독후감부터 논문 작성까지, 글쓰기의 모든 과정에 대해 체계적으로 가르친다.

150년 전통을 자랑하는 하버드 대학교의 글쓰기 교육은 학생들이 사고를 깊이 있게 확장하고, 자신의 생각을 명확하게 표현할 수 있도록 돕기 위해 설계되어 있다. 글쓰기 교육은 단순히 문법과 작문 기술을 가르치는 것에 그치지 않는다. 학생들은 자신의 생각을 정리하고, 논리적으로 전개하며, 복잡한 아이디어를 명확하게 전달하는 방법을 배운다. 이러한 교육은 하버드의 여러 과목에서 필수적으로 이루어진다. 예를 들어, 철학 수업에서는 학생들이 다양한 철학자들의 이론을 배우고 이를 바탕으로 에세이를 작성한다. 이 과정에서 학생들은 비판적 사고와 논리적 추론 능력을 기를 수 있다.

하버드의 글쓰기 교육은 학생들이 연구 결과를 효과적으로 전달할 수 있도록 준비시킨다. 예를 들어, 과학 수업에서는 실험을 수행하고, 그 결과를 상세히 보고서로 작성하는 과정을 거친다. 학생들은 실험의 방법, 과정, 결과를 체계적으로 정리하고 분석하는 능력을 키우게 된다. 이는 단순히 과학적 사실을 기록하는 것이 아니라, 자신의 연구 결과를 다른 사람들과 명확하게 소통할 수 있는 능력을 배양하는 데 도움이 된다.

하버드의 교육 철학에서 글쓰기는 단순히 학문적 필요를 충족하는 도구가 아니다. 글쓰기는 학생들이 자신의 사고를 명확히 하고, 창의적으로 문제를 해결하며, 다양한 상황에서 효과적으로 의사소통하는 데 필수적인 기술로 여겨진다. 학생들이 졸업 후 직장 생활이나 연구 활동을 할 때, 글쓰기 능력을 통해 자신의 아이디어를 명확히 전달하고, 논리적으로 설득할 수 있도록 준비시키고 있다.

결론적으로, 하버드는 학생들에게 글쓰기의 중요성을 깊이 인식시키고, 이를 통해 사고력과 표현력을 강화하려는 노력을 기울이고 있다.

글쓰기는 단순한 작문 기술을 넘어, 깊이 있는 사고와 창의적인 문제 해결 능력을 기르는 핵심적인 과정이다. 하버드의 글쓰기 교육은 학생들이 학문적, 직업적 삶에서 성공적으로 의사소통을 할 수 있는 기초를 마련해 주는 중요한 과정이다.

초등학생이 알아두면 좋은 글쓰기 명언 10

어니스트 헤밍웨이, 『노인과 바다』 작가
"모든 첫 번째 글은 고치기 전까지 완벽하지 않아."
("The first draft of anything is never perfect.")

앤 라모트, 『쓰기의 감각』 작가
"좋은 글쓰기는 연습에서 시작돼."
("Good writing starts with practice.")

조지 오웰, 『동물농장』, 『1984』 작가
"글을 쓸 때는 진실을 말해보렴."
("When you write, try to tell the truth.")

마크 트웨인, 『톰 소여의 모험』 작가
"한 단어로 무언가를 표현할 수 있다면, 굳이 두 단어를 쓰지 마."
("If you can say it in one word, don't use two.")

마야 안젤루, 『새장에 갇힌 새가 왜 노래하는지 나는 아네』 작가
"글쓰기는 마음속 이야기를 세상과 나누는 거야."
("Writing is sharing the story inside you with the world.")

헨리 데이비드 소로, 『월든』 작가
"좋은 글은 생각을 더 명확하게 해줘."
("Good writing makes your thoughts clearer.")

J.K. 롤링, <해리포터 시리즈> 작가
"글을 쓸 때는 자기 자신을 믿어야 해."
("When you write, believe in yourself.")

E.B. 화이트, 『샬롯의 거미줄』 작가
"글쓰기는 네 생각을 종이에 옮기는 거야."
("Writing is putting your thoughts on paper.")

로알드 달, 『찰리와 초콜릿 공장』 작가
"상상력은 훌륭한 글을 만들 수 있는 힘이야."
("Imagination is the power to create great stories.")

로버트 프로스트, 『가지 않은 길』 작가
"글쓰기는 생각을 탐험하는 여행이야."
("Writing is a journey of exploring your thoughts.")

뇌가 좋아하는 글쓰기

"우리의 뇌는 글쓰기를 통해 활성화될 수 있다."라는 말이 있다. 그렇다면 뇌를 활성화시키는 것은 어떤 의미이며, 어떻게 이를 실천할 수 있을까? 우리의 뇌는 경험한 일들을 정리하며 운동한다. 다시 말해, 생각하고 문제를 해결하는 과정에서 많은 에너지를 사용하게 되는데, 이 과정이 바로 뇌를 활성화하는 과정이다.

글쓰기는 생각을 정리하고 마음속 이야기를 밖으로 표현할 수 있는 훌륭한 도구이다. 예를 들어, 친구와 싸웠을 때 글쓰기를 통해 자신의 감정을 정리하고, 화난 감정을 다스릴 수 있다. '내가 왜 친구와 싸웠지?', '무엇 때문에 내 감정이 이렇게 상했지?'와 같은 질문을 던지며 글을 쓰다 보면 어느 순간 화가 났던 감정들을 정리할 수 있다. 글을 쓰면서 순간의 감정을 억누르고, 문제를 객관적으로 바라볼 수 있게 되는 것이다.

5학년 유진이는 친구와 싸우고 나서 학교에서 해소하지 못한 억울함과 속상함을 글쓰기로 푼다. 글을 쓰고 나면 힘들었던 마음이 조금씩 가라앉고, 처음 격해졌던 마음이 차분해진다고 한다.

글쓰기는 마치 방을 청소하듯 마음을 정리하고, 마음이 뱉어 낸 말들을 되돌아보는 과정이다. 이처럼 글쓰기가 일상적인 습관이 되면, 뇌를 지속적으로 운동시켜 건강하게 만들 수 있다. 매일 운동을 통해 몸이 건강해지는 것처럼, 글쓰기도 뇌를 건강하게 만드는 운동이 된다. 글쓰기를 통해 문제 해결 방법을 찾고, 긍정적인 생각을 하게 되기 때문이다.

글쓰기를 하는 동안 우리는 다양한 질문을 던지고, 그에 대한 해답을 찾아간다. 이 과정에서 뇌는 더욱 활발하게 운동한다. 스스로 해답을 찾아내는 경험을 반복하다 보면, 더 현명하게 선택할 수 있는 능력이 길러지는 것이다. 글쓰기는 뇌에 새로운 자극과 도전을 제공하고, 뇌의 다양한 영역을 활성화하며 뉴런 간의 연결을 강화한다.

글쓰기는 단순히 정보 전달을 넘어, 우리에게 일어난 일을 정리하면서 긍정적인 결과를 만들어 낸다. 아이들은 형식이나 구조에 얽매이지 않고 마음속에서 우러나오는 이야기에 더 잘 집중한다. 친구와 싸운 일을 글로 정리하며 감정을 표현하는 과정은 매우 가치 있는 도구가 될 수 있다. 글쓰기를 통해 자신의 감정을 관찰하고 관리하는 법을 배울 수 있어, 성인이 된 뒤에도 자신의 감정을 차분히 컨트롤할 수 있는 태도를 갖추게 된다. 그러므로 우리는 아이들이 글쓰기를 통해 감정과 문제 해결 능력을 키우도록 격려해야 한다.

글쓰기를 할 때 알아두면 좋은 사자성어 10

1. 일석이조 (一石二鳥)

'하나의 노력으로 두 가지 성과를 얻는다'는 의미로, 여러 가지 능력을 동시에 발휘할 수 있음을 나타낸다.

2. 우공이산 (愚公移山)

'어리석은 노인이 산을 옮긴다'는 의미로, 어리석어 보여도 우직한 노력이 큰 성과를 이룰 수 있음을 뜻한다.

3. 수불석권 (手不釋卷)

'손에서 책을 놓지 않는다'는 뜻으로, 꾸준히 책을 읽고 글쓰기를 연습하는 것이 중요하다는 것을 의미한다.

5. 청출어람 (青出於藍)

'제자가 스승보다 뛰어날 수 있다'는 의미로, 자기만의 스타일이 중요함을 나타낸다.

6. 천고마비 (天高馬肥)

'하늘은 높고 말은 살찐다'는 뜻으로, 독서와 글쓰기에 좋은 가을을 의미한다.

7. 역지사지 (易地思之)

'다른 사람의 입장에서 생각한다'는 뜻으로 글쓰기를 할 때도 독자의 관점에서 생각하고 표현하는 것이 중요하다.

8. 반문반곡 (半文半曲)

'절반은 문장, 절반은 노래'라는 뜻으로, 글쓰기가 예술적 표현과 조화를 이루어야 한다는 의미이다.

9. 온고지신 (溫故知新)

'옛것을 익히고 새로운 것을 안다'는 의미로, 글을 쓸 때도 이전 지식을 바탕으로 새로운 글쓰기를 해야 한다.

10. 일취월장 (日就月將)

'날마다 달마다 나아간다'는 뜻으로, 꾸준히 노력하면 글쓰기 실력도 점점 향상된다.

중·고등까지 이어지는 서술형 글쓰기

"엄마, 수행평가가 다 글쓰기에요. 국어, 영어, 사회, 과학, 역사…."

고등학교 1학년인 둘째가 자율학습을 끝내고 차에 타면서 하는 말이다. 어떤 글쓰기를 주로 하는지 물어보니, 자료를 제시하고 조건에 맞게 글을 쓰는 형식이었다. 예를 들어, 역사 과목에서는 〈자료 1〉과 〈자료 2〉를 읽고 조건에 맞춰 논술하는 과제가 주어졌고, 통합사회에서는 경제 위기 극복을 분석하고 자본주의의 특징을 논술하라는 평가가 주어졌다.

이러한 평가에서는 자료에서 제시한 문장을 해석하고, 키워드를 활용해 논리적으로 설명하는 것이 중요하다. 학교마다 서술형 글쓰기의 주제는 다르지만, 목표는 동일하다. 교과서에서 배운 개념을 이해하고, 이를 사회, 경제, 역사적으로 적용하여 자신의 생각을 표현함으로써 교과 지식을 온전히 익히는 것이다. 아직은 객관식 시험이 주를 이루지만, 서술형 글쓰기(수행평가)가 점차 확대되고 있어 글쓰기 능력이 부족한 학생들에게는 큰 도전이 될 수 있다.

최근 초등학교에서도 수업과 평가 방식이 변하고 있다. 예전에는 선생님이 일방적으로 가르치고 평가하는 방식이었다면, 이제는 학생들이 적극적으로 참여하는 수업으로 변화하고 있다. 평가 방식 역시 객관식에서 벗어나 사고하는 과정을 중시하는 과정 중심 평가로 점차 옮겨가고 있다.

이러한 변화에 대비하기 위해서는 무엇이 필요할까? 우리 아이들이 길러야 할 중요한 능력은 무엇일까?

첫째, '독서'다. 예전에는 단순한 암기 위주의 서술형 평가가 주를 이루었다. 하지만 현재는 개념 이해를 바탕으로 주제를 파악하고 분석하는 능력이 요구되는 글쓰기로 바뀌었다. 이러한 능력은 독서를 통해 기를 수 있다. 다양한 사람들의 생각을 접하며 폭넓은 상상력과 글감을 얻을 수 있기 때문이다. 경험은 글쓰기의 씨앗이 되고, 독서는 경험의 폭을 넓히는 중요한 도구가 된다.

둘째, '토의와 토론 활동'이다. 아이들이 자신의 주장을 펼치고 그 주장이 타당함을 설득하기 위해서는 다양한 이유와 근거를 찾아내야 한다. 이러한 활동은 사고력과 표현력을 동시에 키워준다. 독서와 글쓰기가 내면의 생각을 정리하는 소극적인 표현 방식이라면, 토의와 토론은 타인과의 소통을 통해 적극적으로 자신의 생각을 표현하는 활동이다.

셋째, '글쓰기 연습'이다. 글쓰기는 생각을 정리하고 이를 논리적으로 표현하는 과정이다. 글쓰기를 통해 교과서에서 배운 지식을 자신의 것으로 만들고, 이를 바탕으로 논리적 사고를 키울 수 있다. 말로는 쉽게 표현할 수 있는 감정이나 생각도 글로 옮기려면 논리적으로 정리해야 하기 때문에, 글쓰기는 매우 중요한 훈련이 된다.

현재 중·고등학교에서는 객관식 시험이 더 큰 비중을 차지하고 있다. 방대한 교과 과정을 서술형 글쓰기만으로 평가하기 어렵고, 제한된 시간 내에 많은 문제를 해결해야 하기 때문에 객관식 평가가 필수적이다. 그러나 점점 늘어나는 서술형 수행평가에 대비하고, 인공지능이 대신할 수 없는 창의적 사고력을 기르기 위해서는 글쓰기가 매우 중요하다.

우리 아이들이 살아가야 할 미래 사회에서, 글쓰기 능력은 단순한 학습 평가를 넘어서는 필수적인 능력이 될 것이다. 다양한 해결 방안을 찾는 사고력과 이를 논리적으로 표현할 수 있는 글쓰기 능력은 앞으로도 그 중요성이 강조될 것이다.

중·고등까지 이어지는 서술형 글쓰기에 필요한 세 가지

1. 독서: 다양한 책을 읽으면 어휘력과 표현력이 향상되며, 여러 주제에 대한 폭넓은 지식을 쌓을 수 있다. 이는 글을 쓸 때 필요한 재료가 되어, 더 깊이 있고 풍부한 글쓰기를 할 수 있다.

2. 토의·토론: 자신의 생각을 논리적으로 정리하고, 다른 사람의 의견을 이해하는 능력을 키울 수 있다. 이를 통해 글을 쓸 때도 자신의 주장을 명확하게 표현할 수 있는 능력이 길러진다.

3. 글쓰기: 직접 글을 써보는 과정에서 문장 구조를 익히고, 피드백을 통해 글을 더욱 다듬을 수 있다. 반복적인 연습은 서술형 글쓰기를 대비하는 데 필수적인 요소다.

글쓰기만 잘하는 아이는 없다

공부를 잘하는 아이들의 책상을 보면 하나같이 정리정돈이 잘 되어 있다. 왜 그럴까? 그것은 자신이 우선순위로 해야 할 일들을 머릿속으로 정리하고 있기 때문이다. 글쓰기도 마찬가지로, 머릿속에 있는 정보나 감정을 정리하는 활동이다.

책상 정리와 글쓰기는 겉보기에는 공통점이 없어 보일 수 있다. 하지만 실제로는 많은 점이 닮아있다. 책상을 정리하면 무엇이 중요한지 알게 되고, 어떤 순서로 정리해야 할지 생각하게 된다. 글을 쓸 때도 주제에 대한 생각을 정리하고, 논리적으로 풀어내는 과정이 필요하다.

벤저민 프랭클린은 미국의 과학자 겸 정치가이다. 8살 때부터

2년간 학교를 다니며 읽기와 쓰기, 그리고 기본 산수를 배운 것이 정규 교육과정의 전부였던 그는 대부분의 지식을 독서와 경험을 통해 독학으로 습득했다. 체계적인 교육을 받지 않았지만 독창적이고 새로운 생각을 펼칠 수 있었으며, 누구나 쉽게 읽을 수 있는 명료한 글을 썼다. 이는 그가 머릿속에서 정보를 잘 정리하고, 핵심을 간결하게 표현할 수 있었기 때문이다.

또한, 책상을 정리하면 불필요한 요소들을 제거하고 집중할 수 있는 환경이 만들어진다. 레오나르도 다 빈치는 이탈리아 르네상스를 대표하는 화가이자 조각가로, 수학자, 건축가, 발명가, 작곡가 등 여러 직업을 겸했다. 그는 다양한 분야에서 뛰어난 성과를 남겼는데, 이는 그가 노트를 구체적으로 정리하고 중요한 일에 집중했기 때문일 것이다. 이처럼 불필요한 것을 제거하고, 본질에 집중하는 과정은 글쓰기에서도 중요하다.

현대 사회에서 글쓰기는 중요한 능력으로 평가받는다. 따라서 '글쓰기만 잘하는 아이는 없다'라는 말은 '글쓰기를 잘하는 아이는 다른 능력도 함께 갖추고 있다'는 의미로 해석할 수 있다. 우리는 다양한 능력이 서로 보완적으로 작용하여 아이들의 전반적인 성장에 기여한다는 것을 알고 있다. 창의력, 논리력, 소통 능력, 협동심 등은 모두 중요한 능력들로, 이 중 하나만 뛰어난 아이보다는 여러 능력을 고루 갖춘 아이가 다양한 분야에서 더 좋은 성과를 낼 확률이 높다.

글을 잘 쓰는 학생들이 학교 수업에서도 두각을 나타내는 이유는, 자신의 활동을 잘 정리하고 이를 효과적으로 표현할 수 있기 때문이다. 다양한 과제를 수행하면 표현력, 이해력, 의사소통 능력이 강화되고, 이러한 능력은 자연스럽게 학교 교과 활동과 연계되어 아이가 자기주도 학습을 할 수 있도록 돕는다.

글쓰기가 쉬워지는 필기법

1. 마인드맵 필기법

마인드맵은 생각을 정리하는 재미있는 방법이다. 머릿속 생각을 한눈에 볼 수 있어 쉽게 이해할 수 있다.

• 마인드맵 그리는 방법

① **중심 주제 설정:** 종이 가운데에 글쓰기 주제를 적는다.

예시 '여름 방학'이라는 주제를 중앙에 크게 적는다.

② **가지 그리기:** 중심 주제에서 뻗어 나가는 선들을 그리며 주제와 관련된 다양한 생각을 적는다.

예시 '여행', '친구들', '게임하기' 등의 생각을 적는다.

③ **세부 아이디어 추가:** 각 가지에서 더 작은 가지들을 뻗어 나가게 하여 구체적인 아이디어들을 적는다.

예시 '여행'이라는 가지에서 '바다 가기', '캠핑' 등의 세부 아이디어를 추가한다.

2. 블록 필기법

블록 필기법은 핵심 내용을 블록별로 나누어 적는 방법으로, 글의 흐름을 자연스럽게 연결할 수 있다.

• 블록 필기법 사용하는 방법

① **큰 주제 설정**: 쓰고 싶은 글의 큰 주제를 정한다.

예시 '나의 하루'라는 주제를 선택한다.

② **문단별로 나누기**: 큰 주제를 블록(문단)으로 나눈다.

예시 '아침', '학교에서', '집에 와서' 등의 블록으로 나눈다.

③ **각 블록에 내용 채우기**: 각 블록(문단)마다 어떤 내용을 쓸지 간단히 적는다.

예시 '아침' 블록에는 '일찍 일어나서 세수하고, 아침 먹기' 같은 내용을 적는다.

④ **블록들을 연결하여 문장 만들기**: 블록에 적은 내용을 순서대로 연결해 글을 만든다. 블록마다 예시나 세부 정보를 넣어 글을 더 구체적이고 풍성하게 작성할 수 있다.

3. 브레인스토밍 필기법

브레인스토밍은 머릿속에 떠오르는 생각을 자유롭게 적어보는 방법으로, 다양한 생각을 다채롭게 표현할 수 있다.

• 브레인스토밍 필기법 사용하는 방법

① **주제 설정**: 글쓰기 주제를 정한다.

예시 '생일 파티 아이디어'라는 주제를 떠올린다.

② **생각 모으기**: 주제에 대해 떠오르는 생각들을 자유롭게 적는다.

예시 '친구 초대하기', '케이크 만들기', '게임 준비하기' 등.

③ **생각 정리하기**: 적어둔 생각을 다시 읽고 마음에 드는 것을 골라 정리한다. 가장 좋은 아이디어를 선택해 계획을 세운다.

3장

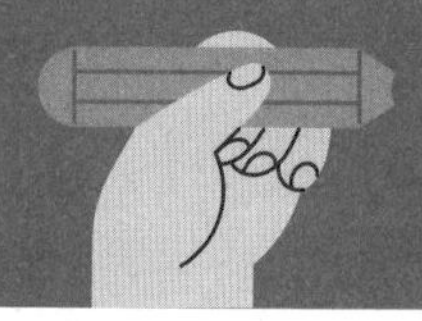

무작정 따라 하면 완성되는 초등 글쓰기 3단계

1단계
쓰기 위한 읽기

스스로 읽게 하는 힘은 아이들이 고른 책에 있다

수업이 시작되기 전, 교실로 들어오는 아이들의 표정은 설렘과 긴장감으로 가득하다. 아이들은 신발장에서부터 책을 꺼내 보이며 들어온다. 신발을 벗으면서도 손에서 책을 놓지 않는다. 교실 문이 열리고, 아이들이 얼굴을 내밀며 교실 안을 들여다보는 모습은 마치 무대에 오르기 전 연기자의 긴장감을 연상케 한다.

오늘은 '선정도서 글쓰기'를 하는 날이다. 아이들이 교실에 들어오며 소란스럽게 나누는 대화가 반갑다.

"넌 무슨 책 골랐어? 어떻게 썼어? 봐봐."

"난 발표하는 게 너무 떨려."

이날은 아이들 모두가 작은 강연가가 된다. 조금 서툴지만, 스스로 고른 도서를 다섯 문장으로 정리해 친구들 앞에서 발표한다. 책을 읽으며 감동을 받은 문장, 재미있는 에피소드, 마음에 남은 그림까지 모든 것이 허락되는 시간이다.

일주일 전, 아이들에게 '선정 도서 글쓰기'에 대해서 말했다.

"다음 주에는 좋아하는 책을 골라 글쓰기를 할 거예요. 친구들에게 소개해 주고 싶은 책을 다섯 문장으로 만들어 보세요. 다섯 문장이 어려우면 한 문장만 써도 좋아요."

아이들은 책을 고르며 고민에 빠진다.

"선생님, 꼭 한 권만 해야 하나요?"

"저는 소개해 주고 싶은 책이 없는데요?"

"긴 책을 가져오면 나만 힘들겠네. 유아용 책은 안 되나요?"

아이들은 '선정도서 글쓰기' 일주일 전부터 떨리는 마음으로 책을 고르기 시작한다. 책을 고르는 것이 즐거운 친구들도 있고, 약간 두려운 친구들도 있지만, 이 과정을 통해 책의 즐거움과 책임감을 배운다. 친구들에게 더 재밌는 책을 소개해 주고 싶은 마음에 책을 꺼냈다 넣었다를 반복하기도 한다.

아이들이 스스로 책을 고르게 하는 이유는 간단하다. 흥미를 갖게 하고 싶어서다. 이날만큼은 5학년이 저학년 도서를 가져와도, 1학년이 고학년 도서를 가져와도 괜찮다. 다섯 문장이지만, 더 좋은 문장을 만들기 위해 고민하는 시간이 아이들에게 주어진다.

수업이 시작되었다.

"자, 오늘은 수업 시작 전에 친구들에게 소개해 주고 싶은 책에 대해 다섯 문장으로 써보고 발표해 볼까요?"

아이들의 눈은 자신이 고른 책으로 향한다. 바로 글을 쓰는 친구도 있고, 책을 다시 펼쳐 보는 친구도 있다. 무엇을 써야 할지 모르는 친구에게는 책을 왜 골랐는지 써보라고 조언한다. 꼭 줄거리를 완벽하게 말할 필요는 없다. 책을 소개하면서 다섯 문장은 자연스레 열 문장이 되고, 이야기가 된다.

아이들에게 주어진 발표 시간은 3분이다. 그 안에 발표를 끝내야 한다.

발표가 끝나면, 아이들은 자신이 고른 책에 애정이 생긴다. 그 날 아이들의 반응이 좋으면, 그 책은 특별한 추억으로 남아 '인생 책'이 되기도 한다. 소개한 책은 아이들의 마음속에 항상 소중한 책이 된다.

자신이 좋아하는 책을 스스로 고르면, 책에 대한 애정이 생기고, 다음 선정할 책을 찾아 나서게 된다. 이 과정이 습관이 되면, 아이들은 독서에 흥미를 느끼게 된다. 다섯 페이지가 재미있어야 50페이지도 읽을 수 있다. 아이들이 가져오는 책에 독서에 대한 답이 있다.

스스로 책을 선정하면 좋은 점

1. 스스로 공부하는 능력이 길러진다

자신이 읽을 책을 스스로 선택하면, 무엇을 배우고 싶은지 스스로 생각하고 결정하는 법을 배우게 된다.

2. 책 읽는 것이 재밌어진다

자신이 고른 책은 추천도서나 교과서보다 훨씬 재미있고 흥미로워한다. 재미있는 책을 읽으면 읽는 것이 즐거워지고, 즐거워지면 자주 읽게 된다.

3. 생각하는 힘과 결정하는 능력이 좋아진다

책을 선택할 때 아이들은 어떤 책이 더 좋은지 생각하고 결정한다. 이 과정에서 생각하는 힘과 중요한 결정을 내리는 능력이 길러진다.

4. 다양한 지식과 새로운 것들을 배울 수 있다

스스로 책을 고르면, 평소에 좋아하는 주제뿐만 아니라 새로운 주제의 책도 읽어 볼 수 있다. 이런 과정을 거쳐 새로운 것들을 배우는 데 흥미를 가질 수 있다.

5. 자신감이 생기고, 자기 자신을 잘 표현할 수 있다

책을 고르고 읽는 과정에서 자신의 취향과 관심사를 찾을 수 있다. 좋아하는 분야를 고를 때는 더 자신감 있어 하며, 자신감 있는 내용은 아이가 글을 쓰는 데 많은 도움이 된다.

책이 좋아지는 '매일 읽기'

수업을 시작하는 4학년 은찬이의 표정이 어둡다. 왜 그런지 묻자, 은찬이는 한쪽 눈을 찡그리며 작은 목소리로 이렇게 말한다.

"선생님, 책을 다 못 읽어왔어요."

논술 수업에서 책을 읽어오지 않으면 수업 진행이 어렵다. 아이들이 책을 읽어 와야 수업 시간을 더 알차게 보낼 수 있기 때문이다. 이런 경우에는 함께하는 아이들에게 양해를 구하고, 신문 수업이나 교과 수업으로 대체하여 진행한다.

하지만 그다음 주에도 은찬이는 책을 다 읽어오지 못했다.

그제야 은찬이는 책을 온전히 읽는 데 어려움이 있다고 털어놓았다.

"선생님, 책을 읽었지만 앞부분 내용이 기억나지 않아요."

이런 경우에는 문해력 부족인지, 난독증인지 먼저 확인할 필요가 있다. 문해력 부족의 경우, 매일 읽기와 어휘력 향상을 통해 스스로 읽을 수 있도록 도와줄 수 있다. 대다수의 아이들은 이 방법으로 극복한다.

반면, 난독증의 경우는 듣고 말하는 데는 문제가 없지만, 글을 정확하게 읽고 이해하는 데 어려움을 겪는다. 난독증은 발달 장애나 학습 장애의 일종으로, 이 경우 전문가의 도움이 필요하다.

은찬이의 경우, 학교 공부에는 어려움이 없고, 읽기나 맞춤법에도 오류가 없어 학년별 도서보다 쉬운 책으로 매일 읽기를 시작했다. 어릴 때부터 책을 읽어온 아이들은 시기에 맞는 책을 읽는 데 어려움이 없지만, 4학년 이후에 두꺼운 책부터 시작하는 아이들은 책 읽기를 두려워할 수 있다. 이는 재미있게 읽어야 할 시기에 책에 흥미를 못 느꼈을 가능성이 높다. 그렇다고 걱정할 필요는 없다. 4학년 때도 책에 흥미를 가질 시간은 충분하다.

은찬이는 『단톡방 귀신(제성은, 마주별)』이라는 120페이지짜리 책을 선택했다. 이 책은 그림이 많아 읽기 수월하고, 재미있는 소재로 아이들이 선호하는 책 중 하나이다.

수업이 끝난 후, 은찬이에게 책 속의 문구가 적힌 작은 쪽지 하나를 건넸다.

"비밀 단톡방에 당신을 초대합니다. 수락하시겠습니까?"

"네."

은찬이는 당당히 내 초대에 응했고, 우리는 일주일 동안 함께 책을 읽었다. 첫째 날에는 깨톡에서 오디오 파일로 내용을 공유했고, 둘째 날에는 좋았던 문구를 공유하며 은찬이의 마음을 여는 데 집중했다. 『단톡방 귀신』은 제목부터 흥미롭고, 겉표지에 나오는 친구들의 표정에서 으스스한 느낌이 전해진다. 긴장감 넘치는 스토리와 궁금증을 자아내는 내용으로 중간에 멈추기 힘든 책이다. 은찬이도 그렇게 되기를 바랐다. 만약 한 번에 다 읽게 되더라도 다시 읽을 기회가 있다. 매일 미션이 주어져서 다시 읽어야 하는데 어쩔 수 없이 그 수고로움을 견뎌야 한다.

매일 단톡방에 은찬이의 인증이 올라왔다.

첫째 날: 오디오로 2챕터까지 읽고, 단톡방에 올리기

둘째 날: 재미있는 문장 두 개 공유하기(절대 세 문장 이상은 안 됨)

셋째 날: 모르는 단어를 사용해 짧은 글짓기 하기(딱 세 단어만, 국어사전으로 찾아서 작성)

넷째 날: 오디오를 켜고 지금까지 읽었던 내용 마구 말해 보기

다섯째 날: 마지막 챕터 읽고 단톡방에 올리기

"미션 성공! 은찬아, 수고했어!"

"네!"

걱정과는 달리 은찬이는 어렵지 않게 미션을 성공했다. "다른 책도 읽어 볼까?"라고 말하고 싶었지만, 일단 참았다. 은찬이에게 완독의 기쁨을 느낄 시간을 주고 싶었다.

책에 흥미를 가지려면 우선 재미가 있어야 한다. 재미있어야 읽고 싶고, 이야기를 나누고 싶어지며, 말하기도 쉬워진다. 하지만 아이들이 스스로 자신에게 맞는 책을 찾는 것이 쉽지 않기 때문에 주변의 도움이 필요하다.

아이가 독서를 늦게 시작했다면, 책 읽기가 두렵고 어려울 수 있다는 점을 알아주기를 바란다. 또래 친구들이 읽는 책에 전혀 흥미가 없다고 해서 뒤처진다고 생각하지 말고, 조금 더 얇은 책으로 시작하기를 권장한다. 5학년 친구가 4학년 친구들이 읽는 책을 6개월 동안 읽는다고 해도 뒤처지지 않는다. 오히려

자신의 학년에 맞는 책을 읽어야 한다고 고집하다가 중·고등학생 때 아예 책을 읽지 않는 아이가 될 수도 있다.

책은 갑자기 좋아지지 않는다. 좋아지려면 익숙해져야 하고, 익숙해지려면 매일 봐야 한다. 매일 보는 연습이 책을 좋아하게 만드는 가장 강력한 비법이다.

수업이 시작되기 전, 가끔 아이들은 이런 대화를 나눈다.

"너 이 책 읽는 데 얼마나 걸렸어?"

"난 한 시간."

"나도 한 시간."

누구나 한 시간 안에 책을 읽어내기는 어렵다. 사실 한 시간이 걸렸는지 두 시간이 걸렸는지 확인할 방법도 없다. 하지만 읽는 것이 느린 친구들은 이런 대화를 들으면 '난 3시간 걸렸어'라는 말을 하지 못한다.

수업이 시작되고 아이들에게 오늘 책을 읽는 데 얼마나 걸렸는지 물었다.

"저는 한 시간 십 분이요."

"저는 한 시간이요."

"어머, 너희들 정말 빨리 읽었구나. 선생님보다 빠른데! 선생님은 3시간 읽었어! 진짜야."

그러자 한 친구가 말한다.

"선생님, 저도 3시간 읽었어요."

아이들은 늘 최선을 다한다. 3시간이 걸리더라도 꺾이지 않는 힘이 있다면, 그 힘을 발휘해 한 권, 또 한 권을 읽으며 세상을 사는 지혜를 쌓아갈 수 있다.

'매일 읽기'를 도와주는 다섯 가지 방법

1. 정해진 시간에 읽기

매일 일정한 시간에 읽게 되면 책을 읽는 습관을 만들 수 있다. 아침에 일어나서 10분, 저녁에 잠들기 전 15분. 긴 시간을 할애할 필요는 없다.

2. 편안한 독서 공간 만들기

아이들이 제일 좋아하는 곳에 독서 공간을 만든다. 조용하고 편안한 공간에서 아이들은 즐겁게 책을 읽을 수 있다. 좋아하는 담요나 쿠션으로 아늑한 독서 공간을 꾸며 줄 수도 있다.

3. 다양한 책 읽기

다양한 주제의 책을 읽으며 지루하지 않게 새로운 것들을 배울 수 있도록 해 준다. 동화책, 만화책, 과학책, 역사책 등 여러 종류의 책을 읽으며 자신이 좋아하는 주제뿐만 아니라 새로운 분야의 책도 읽을 수 있다.

4. 읽은 책의 표지를 촬영해 잘 보이는 곳에 붙이기

앱이나 카메라를 활용하여 읽은 책과 아이 얼굴이 나오게 찍어 냉장고나 아이 방에 붙여 두면 책에 애정을 갖게 된다.

5. 가족과 친구와 함께 읽기

'빨리 가려면 혼자 가고, 멀리 가려면 같이 가라'는 말이 있다. 혼자서는 힘든 일이 함께하면 같이 하는 힘이 생겨 지치지 않고 읽을 수 있다.

쉽게 읽는 '함께 읽기'

모두가 졸린 밤 10시.

집에 돌아오자마자 주섬주섬 줌 링크를 단톡방에 올린다. 피곤함이 머리끝까지 올라가 눈을 한 번 깜빡일 때마다 잠이 쏟아지지만, 아이들의 청량한 목소리를 들으면 언제 그랬냐는 듯 환하게 웃게 된다.

"선생님, 입장했습니다."

"저도 들어왔습니다."

밤 10시가 되기 5분 전, 아이들의 움직이는 소리가 단톡방을 통해 들려온다.

야간 낭독방에서 책 읽기를 하려고 모인 5학년 친구들의 즐거운 표정이 보인다. 역시 아이들은 에너지가 넘치는지 모두들 웃는 얼굴이다. 이 시간이 그저 신기한 경험이라고 생각하는 아이들이 기특하고 고맙다.

어떻게 해서든 아이들에게 책을 읽히고 싶은 마음에 5학년 친구들에게 '함께 읽기'를 권유했다. 조금은 귀찮지만 뿌듯한 일이 될 것 같아 시작한 야간 책 읽기는 12시가 넘도록 계속된다.

"여러분, 리처드 파인만을 아나요?"

서로 눈치를 보느라 대답이 늦어진다. 한 친구가 가장 먼저 대답한다.

"아니요."
"파인만은 물리학자예요."
"그냥 할아버지 같은데요?"

아이들의 웃음소리가 온라인 밖으로 새어 나온다.

보통 정규 수업 전에는 주인공에 대한 간단한 소개와 시대적 배경에 대해서 설명을 하는데, 야간 책 읽기 시간에는 미리 설명하지 않는다. 아이들이 '스포 금지'라는 팻말을 단톡방에 올리기도 하고, 책 읽기가 수업과 같은 형식이 되어서는 안 된다는 생각에서다.

처음 읽은 책은 『파인만, 과학을 웃겨 주세요』(김성화, 권수진, 탐)였다. 대부분 친구들이 아인슈타인은 알아도 파인만은 모른다. 나도 이름만 들어봤지 찾아보지 않았다. 아이들과 똑같은 책을 읽으면서 파인만에 대해 알아보고 싶은 흥미가 생겨서다.

시작하기 바로 전, 한 친구가 파인만에 대한 새로운 정보를 제공해 주었다.

파인만은 세상에서 가장 놀기 좋아하는 미국의 물리학자이며, 양자 전기 역학의 재규격화 이론 연구 업적으로 노벨 물리학상을 수상했다.

드디어 야간 책 읽기가 시작된다. 총 6장 중 1장과 2장을 읽기로 했다.

소제목마다 읽어야 하는 분량이 사전에 정해지기 때문에 1번 친구의 책 읽기가 끝나면 바로 2번 친구의 책 읽기가 시작된다. 자기 차례가 아니더라도 음소거를 해두고 긴 챕터를 읽어 나간다. 낭랑하게 책을 읽는 아이들의 목소리가 떨린 듯 긴장된 느낌이다. 혹시 틀릴지도 모른다는 불안감을 갖고 있기 때문에 지적하지 않는다. 다시 찾아 읽을 때까지 천천히 기다려준다.

한 권을 읽는 데 걸리는 시간은 딱 3일. 3번이면 우리는 한 권의 책을 완독할 수 있다. 책 수업은 2주에 한 번 있기 때문에 한 달에 6번이면 낭독으로 2권의 필독서를 읽어낼 수 있다. 처음에는 피곤해서 빠지는 친구들도 있었지만, 한 번 참여한 친구는 절대 빠지지 않는다. 매번 읽어야 할 분량이 정해져 있기 때문에 한 번 참여하면 뿌듯함과 책임감도 함께 생긴다.

성인들도 한 권의 책을 오롯이 읽어내는 일은 쉽지 않다. 아이들의 경우, 특히 고학년 친구들은 책의 분량이 많고 단어가 쉽지 않아, 읽는 데 시간이 많이 걸린다. 하지만 누군가와 함께라면 한 권의 책을 읽는 일이 생각보다 쉽다는 것을 알게 된다. '야간 책 읽기'는 자기 분량만 읽어내면 돼서 나머지는 읽을 필요가 없다. 참여하기만 하면 저절로 한 권을 읽게 되는 것이다.

'야간 책 읽기'를 하다 보니 더 잘 읽기 위해 사전에 읽어오는 아이들이 많아졌다. 누가 시키지 않아도 미리 읽어보는 습관을 들이게 된 것이다.

세상에서 가장 어려운 일은 혼자서 하는 일이다. 혼자 읽기를 즐기는 친구들은 산책을 하듯 여유롭게 읽겠지만 대부분의 아이들에게는 이런 시간이 허락되지 않는다. 잠깐 시간이 나면 게임을 하거나 TV를 보고 싶지, 책 읽기에 시간을 투자하는 것은 쉽지 않기 때문이다. 처음에는 아이들마다 편차가 있어 걱정이 많았다. 하지만 아이들은 생각보다 인내심이 많다. 빨리 읽으면 읽는 대로, 천천히 읽으면 천천히 읽는 대로 매너 있게 친구들을 기다려 준다.

학년이 올라갈수록 책 읽기는 즐거움이라기보다는 수행평가나 좋은 성적을 받기 위한 지식 습득의 도구로 여겨진다. 하지만 어떤 목적을 가지고 책 읽기를 하든 상관없다. 읽는 행위 자체가 중요하기 때문이다.

우리의 목적은 하나다. 쓰기 위한 준비를 해야 한다는 것.

우리가 무엇을 이루기 위해서는 쉬지 않아야 한다. 글쓰기와 책 읽기도 마찬가지다. 완벽에 가까운 지점까지 가기 위해서는 쉬지 않고 가야 한다. 그러기 위해선 에너지와 힘이 필요하다.

그 힘과 에너지는 어디서 얻을 수 있을까? 간단하다.

함께 하는 친구들이다. 함께 움직이면 얻을 수 있다.

'함께 읽기'를 위한 세 가지 방법

1. 역할 분담하기

책을 여러 파트로 나누고, 각자 맡은 부분을 읽으면 책 읽기의 부담을 줄일 수 있다. 이렇게 하면 책 전체를 빠르게 이해할 수 있고, 차례를 기다리며 더 집중할 수 있다.

2. 책 읽기 전 가볍게 생각할 시간 만들기

책을 읽기 전에 가볍게 생각하기 위한 방법은 책 표지를 보며 떠오른 생각을 나누거나 추측하여 퀴즈 형식의 질문에 대답하는 것이다. 이는 아이들에게 책을 읽기 전 흥미와 재미를 더해 줄 수 있다. 또한 아이들이 책의 내용을 더 오래 기억하고 쉽게 이해하도록 돕는다.

3. 편안한 환경 조성하기

밝은 조명과 편안한 분위기에서 함께 읽기를 하면 아이들의 마음이 편안해지기 때문에 더 즐거운 독서를 경험할 수 있다. 많은 사람들과 함께 읽기를 할 때는 간단한 다과를 준비해 주는 것도 방법이다. 이러한 경험은 읽는 과정을 즐겁게 만들어 준다.

스토리가 보이는 핵심어, 핵심 문장 찾기

1학년 친구들의 까르르 아기 같은 웃음소리가 들려온다.

수업 교재로 『수박』(김영진, 길벗어린이) 책을 받아 들고 수박을 뒤집어쓴 주인공의 모습을 보고 재밌다며 웃고 있는 것이다.

『수박』은 어린이 그림책이다. 그림만 봐도 내용을 쉽게 유추할 수 있고, 아이들이 아무 부담 없이 읽을 수 있다. 수업 시작 전 읽기를 다 끝낸 아이들도 있다.

"선생님, 수박이 머리에 들어가요?"

"한 번 볼까? 너희는 머리가 작으니까 그 질문은 수박이 해야 할 것 같은데?"

그러자 또 한 번 까르르 웃는다.

1학년 수업은 별 얘기를 하지 않아도 분위기가 좋다. 작은 단어 하나, 그림 하나, 손짓 하나에도 아이들은 대단한 일이 일어난 것처럼 즐거워한다.

오늘은 빨간색 8절 도화지를 준비하고, 배 모양의 모자를 만들어 쓸 예정이다. 수박씨를 어떻게 할까 고민하다 작은 검정 단추 한 면에 양면테이프를 붙여 준비했다. 도화지를 들자 아이들은 수업 전부터 머릿속으로 수박 모자를 만들고 있다. 수업하는 내내 머릿속으로는 모자를 만들 생각뿐이다.

가급적이면 만들기를 하는 날에는 재료들을 보여 주지 않는 편인데 오늘은 앞 타임 시간에 수박 모자를 쓰고 나가는 친구들에게 들켜 버리고 말았다.

'서프라이즈' 재료 공개는 실패했다.

1학년, 2학년은 책에 집중하는 시간이 짧아 수업 시간에 책을 함께 읽는 비율이 높다. 1학년 친구들 중에는 책은 읽지만, 내용을 이해하지 못하는 경우도 있다. 책을 이해하면서 읽는 것이 아니라 글자만 읽는 것이다. 그래서 핵심어, 핵심 문장을 찾는 것이 중요하다.

다음은 본문의 한 부분이다.

"아빠, 화분에 수박씨 심어 볼까? 그러면 수박이 열리잖아."

"수박은 그렇게 쉽게 안 열려. 아빠 외삼촌이 오래전에 수박 농사를 하실 때 봤는데 보통 복잡한 게 아니야."

"엄마가 베란다에 상추씨 심었을 때는 상추가 자랐잖아."

"상추하고 수박은 달라."

"그럼, 만약에 수박이 열리면 레고 사 줘!"

"하하하. 그래! 열리면 레고 두 개 사 줄게."

그린이는 커다란 화분에 정성스럽게 수박씨를 심었어요.

『수박』 내용 중

이 책의 중심 단어는 처음부터 끝까지 '수박'이다. 수박을 심은 그린이가 집에 두고 온 수박을 걱정하는 장면이 흥미롭다. 마지막에 수박이 열렸을지 안 열렸을지 염려하면서 조심스럽게 읽는 친구도 있고, 결과가 궁금해 미리 열어보는 친구도 있다. 하지만 자기만 알고 있는 것 같은 표정은 숨기지 못한다.

책 읽기가 끝나고 워크북 활동을 하며 다섯 문장으로 줄거리 만들기를 했다.

우선 각자 생각한 문장을 적고, 가장 많이 나온 문장으로 아래와 같이 줄거리를 만들었다.

1. 그린이네 가족은 모두 수박을 좋아했어요.
2. 그린이는 커다란 화분에 정성스럽게 수박씨를 심었어요.
3. 수박 새싹은 점점 더 크게 자랐어요.
4. 그린이는 수박을 먹을 때마다 집에 두고 온 수박 화분이 걱정되었어요.
5. "우아! 수박이다!"

드디어 수박 모자를 만들 시간이다. 아이들은 벌써 책을 덮어 가방에 집어넣었다. 아이들이 줄거리 만들기에 몰입해 빨리 끝낸 것은 재료 가방 속에 보이는 빨간색 도화지 때문이었다.

8절 빨간 도화지, 작은 검정 단추로 우리 친구들은 수박 모자를 만들어 썼다. 모자를 쓰고 당당히 교실을 나가는 아이들의 모습이 사랑스럽다.

1·2학년 때 재미있는 책들을 접하면 아이들은 책을 좋아하게 된다. 아니, 적어도 거부하지는 않게 된다. 당연히 유*브나 별스타가 아이들의 눈을 사로잡기에는 더할 나위 없이 좋겠지만, '왜 그럴까?' 질문하고, 스스로 생각하고, 문제를 해결하려고 노력하는 과정에서 배우는 인내심은 유*브나 별스타가 대신해 줄 수 없다.

글쓰기의 가장 좋은 재료는 책에 있다. 우리 아이들은 책에서 좋은 정보를 얻고 글감을 얻어 날것의 훌륭한 글을 쓰게 된다.

그 누구도 대신해 줄 수 없는 자신만의 유일한 글감은 책을 통해 마련할 수 있다.

책 읽기가 어려운 아이들을 위한 세 가지 방법

1. 읽기 편한 책으로 선정하기

어려운 책이 아닌, 아이의 관심사와 수준에 맞는 책을 고른다.

2. 중요하다고 생각되는 단어 밑줄 긋기

책을 읽으면서 한 페이지에 중요하다고 생각되는 두세 단어에 밑줄을 긋는다. 이렇게 하면 중요한 내용을 쉽게 파악할 수 있다.

3. 핵심 단어를 활용해 이야기 만들기

밑줄 친 핵심 단어를 기준으로 책 속의 문장을 활용해 이야기를 만든다. 이 방법은 내용을 더 잘 이해하고 기억하는 데 도움이 된다.

읽기가 쉬워지는 '메모하며 읽기'

학년이 올라가면 책의 두께도 두꺼워진다. 특히 3학년에서 4학년으로 올라갈 때 책이 많이 두꺼워지는데, 이때 책을 잘못 선택하면 아이가 독서에 대한 흥미를 잃을 수 있다. 특히 시대적 배경이 중요한 소설은, 지식을 알려주는 책보다 더 어려워할 수 있다. 스토리를 좋아하던 친구들도 이야기가 너무 길거나 외국 이름이 등장하면 흥미를 잃는 경우가 많다.

"선생님, 이 책 주인공들의 이름이 너무 길어요."

"선생님, 주인공들이 너무 많아서 이름을 기억할 수가 없어요."

"선생님, 책이 너무 두꺼워졌어요."

물론 서너 번 읽으면서 주인공들의 이름을 천천히 기억하면 좋지만, 아이들에게 한 권의 책을 서너 번씩 읽으라고 하는 것은 어려운 일이다.

4학년 친구들과 『로빈슨 크루소』(대니얼 디포, 스푼북)를 읽고 내용에 대해 이야기를 나누었다. 원문을 한글로 번역한 400페이지짜리 책도 있지만, 이 책은 초등학생들을 위해 각색되어 4학년 친구들이 읽기에도 무리가 없다.

이 책은 버전이 많아 책마다 주인공들의 이름과 주변 지명이 조금씩 다를 수 있지만, 주요 등장인물은 대체로 다음과 같다.

- 어린 시절부터 바다를 꿈꾸었던 주인공 로빈슨 크루소
- 로빈슨과 함께 탈출한 소년 슈리
- 바다에서 로빈슨을 돕는 포르투갈 선장
- 로빈슨의 도움으로 식인종에게서 탈출한 프라이데이
- 풍랑에 휘말려 야만족의 땅에 상륙하고 로빈슨에게 도움을 받은 에스파냐인 포로
- 로빈슨의 도움으로 배를 되찾는 영국인 선장

지속적으로 세계 명작을 읽어온 친구들은 스토리가 탄탄하고 재미있기 때문에 이 책을 큰 문제 없이 읽어나가지만, 세계 명작이 처음인 친구들은 로빈슨 크루소가 생소하거나 만화로 본 경우가 대부분이다.

"얘들아, 첫 페이지에 나오는 등장인물들을 말해 볼까?"

"나, 아버지, 형, 어머니."

이 책은 일인칭 시점으로, 한참을 읽어도 주인공의 이름이 나오지 않는다. 이런 책들은 등장인물을 나열하기보다는 챕터별로 일어난 중요한 사건들을 메모하면서 읽는 것이 좋다.

챕터 1에서 아이들이 찾은 문장들은 다음과 같다:

챕터 1: 바다로 나가기를 꿈꾸다.

- "아버지 배를 타고 런던에 가려던 참이야. 너도 같이 가자. 공짜로 태워 줄게."
- "우리가 보트로 옮겨 타고 15분도 채 지나지 않아 배가 가라앉기 시작했다."
- "나는 집으로 돌아가는 대신 불행한 모험을 선택했다."

이렇게 모든 챕터에서 두세 문장을 찾아 읽으면 시간은 조금 걸리지만 책을 반복적으로 보게 되어 주인공들의 이름과 사건이 익숙해진다.

처음 시작하는 친구들에게는 이 과정이 어렵게 느껴지지만, 익숙해지면 글쓰기를 위한 좋은 방법이라는 것을 알 수 있을 것이다. 이렇게 모아진 30개 내외의 문장으로 줄거리를 쓰면 아이들은 쉽게 문장을 변형하고 만들 수 있다. 아이들에게 책의 줄거리를 그대로 쓰면 안 된다고 말하면 이렇게 대답한다.

"저작권 문제죠?"

"물론 그런 문제도 있지만, 너희의 언어로 새롭게 탄생시켜야 너희 글이 되는 거야."

물론 처음 시작하는 친구들에게는 문장을 그대로 찾아서 쓰라고 한다. 문장을 찾는 것부터가 어렵기 때문이다. 어떤 경우는 문장만 찾다가 시간을 다 보내기도 한다. 하지만 이 과정을 거치면 한 권의 책을 여러 번 읽도록 강요하지 않아도 된다.

이 방법은 누구나 활용할 수 있는 책 읽기 방법이다. 이 과정이 익숙해지면 메모가 점점 줄어들고, 문장을 적어두지 않아도 줄거리를 쓰고, 스토리를 만들어 낼 수 있다.

주인공들의 이름과 책의 내용을 메모하며 읽으면 좋은 점 세 가지

1. 기억력과 이해력이 좋아진다.

메모를 하면 책의 내용에 더 집중하게 되고, 이야기의 흐름과 캐릭터의 관계를 더 잘 이해할 수 있다. 중요한 사건이나 등장인물의 특징을 정리하면서 정보를 더 오래 기억하게 되고, 이야기의 전체적인 구조를 파악하는 데 도움이 된다.

2. 분석, 비판적 사고 능력이 향상된다.

메모를 하면서 책의 주제나 캐릭터의 행동에 대해 깊이 생각하게 되며 왜 특정 인물이 그렇게 행동했는지, 그 행동이 이야기 전체에 어떤 영향을 미치는지 등을 분석하는 능력이 길러진다. 이는 책을 더 깊이 이해하는 데 도움이 된다.

3. 다시 읽을 때 편리하게 활용할 수 있다.

다시 책을 읽거나 관련 내용을 복습할 때, 메모한 내용을 참조하면 기억을 쉽게 떠올릴 수 있다. 책을 다 읽고 난 후에도 메모를 통해 주요 내용을 간략히 되새길 수 있어, 중요한 정보를 쉽게 찾을 수 있다. 특히 긴 소설이나 복잡한 이야기 구조를 가진 책을 읽을 때 유용하게 활용할 수 있다.

글쓰기 능력이 향상되는 '이야기하는 책 읽기'

"아빠, 내가 책 읽어 줄까?"

"엄마, 내가 책 읽어 줄까?"

"오빠, 내가 책 읽어 줄까?"

학교에서 돌아온 주희가 식탁에 앉으면 늘 하는 말이다. 아빠가 집에 있는 날이면 주희는 항상 아빠에게 책 읽어 주기를 한다. 오빠들에게도 몇 번 시도했지만, 그들은 동생의 책 읽기에 크게 관심이 없는 듯했다.

"오빠, 내가 책 읽어 줄까?"

"아니, 내가 읽을 거야!"

단번에 거절당한 주희는 아빠만 바라보며 책 읽어 주기를 고대한다. 아빠가 식탁 의자에 앉자마자 주희는 바로 옆에 자리를 잡고 책을 읽기 시작한다. 아빠는 30분쯤 듣다가 지루해졌는지 잠시 다른 생각을 하는 듯하다.

"아빠, 듣고 있는 거지?"
"그럼, 당연하지!"
"그럼 내가 무슨 내용 읽었는지 말해 봐!"

주희는 종종 아빠를 당황하게 만든다. 아빠는 기억나는 대로 단어와 문장을 조합해 마치 잘 듣고 있었다는 듯이 이야기한다.

"아빠, 그게 아니고…."

주희는 신나게 『도서관에 간 외계인』(박미숙, 최향숙, 킨더랜드)의 이야기를 들려준다. 이 책은 지구에 온 지 100년 된 외계인 왈랑꼬와 친구 민준이가 도서관을 탐험하는 이야기다. 아빠는 원래 책 읽는 것을 좋아하지 않지만, 딸의 열정적인 책 읽기 앞에서 자리를 떠날 수가 없다.

책 읽어 주기는 단순한 활동처럼 보이지만, 사실 아이와의 관계를 돈독히 하고, 자신감을 키우는 데 큰 역할을 한다. 또한,

자신의 이야기를 들어주는 사람을 자신의 편으로 여기고 신뢰하게 된다. 특히 초등학교 시기에 부모가 자녀의 책 읽기를 잘 들어주면, 중·고등학교에 가서도 좋은 관계를 유지할 수 있다. 아이는 자신의 이야기를 경청하는 사람을 오랫동안 기억한다. 그렇기 때문에 아이가 부담 없이 이야기할 수 있도록 부모는 들어주는 역할을 잘 해야 한다.

'이야기하는 책 읽기'는 아이의 글쓰기 능력을 향상시킬 수 있는 최고의 방법이다. 책을 읽으며 느낀 것을 이야기하는 과정에서 자연스럽게 어휘력과 문장 구조 이해 능력이 향상된다. 주희는 복잡한 문장이나 어려운 단어가 나오면 바로 찾지 않고 적어두었다가 책을 다 읽은 후에 한꺼번에 찾아본다. 이렇게 하면 어휘가 어려운 책도 포기하지 않고 끝까지 읽을 수 있다.

아이들이 성장하면서 발표나 자신의 생각을 표현하는 능력은 점점 중요해진다. 그러나 학년이 올라갈수록 자신이 하고 싶은 이야기를 조리 있게 말할 수 있는 아이는 드물다. 이야기하는 책 읽기는 아이가 책의 내용을 머릿속에 생생히 그려 볼 수 있게 도와주고, 사람들 앞에서 자신감 있게 이야기할 수 있도록 해 준다.

"아빠, 재밌지?"

주희는 자신이 느낀 감정을 듣는 사람도 함께 느꼈을 거라 생각하며 묻는다. 때로는 너무 쉬운 책이라 유치해 보일 수도 있지만, 이 시간은 아이의 성장에 매우 큰 도움이 된다. 자신감은 훌륭한 글을 쓰기 위한 필수 요소 중 하나이기 때문이다.

우리 아이들은 모두 훌륭한 글을 쓸 수 있다. 이를 위해 지금 필요한 것은 바로 아이의 책 읽기를 들어주는 것이다.

아이의 책 읽기를 들어주는 부모의 자세

1. 경청하고 공감해 준다

부모는 아이가 책을 읽어줄 때 진심으로 경청하는 태도를 보여야 한다. 책 내용을 듣는 동안 다른 생각을 하거나 다른 행동을 하지 말고, 아이의 목소리에 집중해야 한다. 아이가 느끼는 감정에 공감하고, 책의 내용을 함께 즐기려는 마음가짐이 무엇보다 중요하다.

2. 적극적으로 반응한다

아이가 읽은 내용에 대해 간단한 질문을 하거나, 읽은 부분에 대해 자신의 생각을 이야기해 보는 것이 좋다. 예를 들어, "주인공은 왜 그렇게 행동했을까?", "너라면 어떻게 했을 것 같아?"와 같은 질문을 하면 책을 더 깊게 읽을 수 있고, 아이는 자신이 읽은 내용을 이해하고 공감받고 있다고 느끼게 된다.

3. 긍정적인 피드백을 한다

아이가 책을 읽고 나면 칭찬해 주고 격려해 주는 것은 중요하다. "잘 읽었어!", "정말 재미있게 읽었구나!"와 같은 긍정적인 피드백은 아이의 자신감을 높여준다. 설령 잘못 읽거나 이해하지 못한 부분이 있더라도 비난보다는 친절하게 설명하고 도와주는 태도가 필요하다.

2단계 쓰기 위한 질문

진짜 쓰기가 시작되는 질문 만들기

아이들이 하나둘 모여든다. 교실 안은 복작거리는 소리로 가득하다. 오늘은 『매일매일 내 생일』(김지영, 주니어김영사)이라는 책을 가지고 수업을 하는 날이다. 숙제는 '질문 만들어 오기'였는데, 입구에서 아이들이 서로 질문을 베끼는 모습이 보였다. 질문 만들기가 어렵기도 하고 귀찮기도 했던 모양이다.

우주가 가장 먼저 발표를 했다. 긴장한 모습이 역력하다.

"여러분, 만약 매일매일이 생일이라면 어떨 것 같아요?"

"선생님, 매일매일이 생일이면 오늘은 레고를 선물로 받고, 내일은 게임기를 선물로 받고 싶어요."

"선생님, 저는 하루 종일 게임만 하고 싶어요."

아이들은 모두 자신이 받고 싶은 선물에 대해 이야기하느라 정신이 없다. 아이들에게 생일은 무엇인가를 받고 싶은 날이기 때문에 생일에 무엇을 하고 싶은지를 물어보면 대다수는 선물에 대한 이야기를 꺼낸다. 한참 동안 선물 이야기로 시끌벅적하던 중, 한 아이가 의견을 제시한다.

"얘들아, 매일매일이 생일이면 재미없지 않을까? 매일 선물을 받는 것도 재미없고, 다른 사람도 생일이니까 의미가 없지 않을까?"

아이들은 실제로 일어날 수 없는 일을 심각하게 고민하는 표정이다.

이 책의 주인공 서율이는 아침부터 생일 파티에 친구들을 초대할 생각에 들떠 있다. 그러나 갑작스러운 할머니의 사고로 생일 파티를 취소해야 한다. 화가 나 밖으로 나가던 중, 눈앞에 커다란 선물의 집을 발견하고 매일매일이 생일이 되기를 소원한다. 서율이는 소원대로 다음 날도, 그다음 날도 생일을 맞이하게 된다.

아이들이 가져온 질문들은 다양하고 흥미로웠다.

- 서율이는 생일 선물로 무엇을 받고 싶어 할까요?
- 서율이는 날마다 생일이 되어 좋았을까요?
- 생일이 사라지면 어떤 생각이 들까요?
- 할머니의 사고는 왜 일어났나요?
- 할머니의 사고 소식은 누가 알게 되었나요?
- 엄마는 왜 서율이의 생일 파티를 미뤘나요?
- 엄마가 할머니의 전화를 받지 않기를 바란 서율이는 나쁜 아이일까요?

질문이 다 좋다. 아이들은 만들어 온 질문들을 포스트잇에 적어 칠판에 붙이고, 비슷한 질문들은 합쳐 새로운 질문을 만들었다. 엉뚱한 질문을 만들어 온 친구들도 있지만, 질문을 만들 때만큼은 질문에 진심이다.

- 할머니의 사고 소식은 누가 알게 되었나요?
- 엄마의 표정을 보고 서율이는 어떤 기분이 들었나요?

이 두 질문을 합쳐 새로운 질문을 만들었다.

- 할머니의 사고 소식을 듣고 서율이는 어떤 기분이 들었나요?

아이들이 스스로 만든 질문으로 새로운 질문을 만들어 내는 과정은 책을 두 번 읽는 효과가 있다. 책을 다시 펼쳐 보며 다른 질문이 더 있는지 고민하는 과정에서 자신이 읽은 내용을 더 깊이 이해하게 된다.

교실에 들어오기 전 숙제를 하지 않아 고민하던 아이도, 바닥에 앉아 급하게 숙제를 하던 아이도, 질문을 만들고 발표를 하다 보면 자신이 읽은 책을 더욱 재미있게 느낀다.

질문을 만들면 바로 이런 점들이 좋아진다.

- 책이 재밌어져요.
- 더 많이 생각하게 돼요.
- 책을 더 잘 이해할 수 있어요.
- 혼자서 생각하는 능력이 길러져요.
- 말하기에 자신감이 생겨요.

질문 만들기는 아이들에게 성취감을 주고, 스스로 생각하는 능력을 기를 수 있게 도와준다. 이 과정이 익숙해지면, 아이들은 문장을 적지 않고도 줄거리를 쓰고, 스토리를 만들어 낼 수 있는 능력을 갖추게 된다.

질문을 쉽게 만드는 법

1. '누가'와 '무엇을' 사용하여 질문하기

가장 기본적인 '누가'와 '무엇을' 사용하여 질문하면 책의 주요 등장인물과 사건을 알 수 있다.

- 이야기의 주인공은 누구지?
- 주인공은 무엇을 했지?

2. '좋아하는 장면' 찾아 질문하기

가장 재미있었거나 인상 깊었던 부분의 페이지를 펴고 질문을 만든다. 아이의 관심과 흥미를 유발시킬 수 있다.

- 이 책에서 가장 재미있었던 부분은 어디야?
- 왜 그 장면이 재미있었어?

3. '만약에'를 붙여서 질문하기

'만약에'를 붙여서 질문을 하면 아이들이 다양한 상상력을 기를 수 있다.

- 만약에 내가 주인공이었다면 어떻게 했을까?
- 만약에 주인공이 다른 선택을 했다면 어떤 일이 일어났을까?

설명법을 알려주는 순차적 질문

'설명하는 글'을 3학년 친구들에게 가르치는 일은 생각보다 어렵지 않다. 아이들이 경험한 것을 말해 보게 하면 된다.

"얘들아, 오늘은 선생님이 빨래하는 법을 설명해 줄게."
"선생님, 빨래는 세탁기가 해 주는데요?"
"그럼 세탁기 돌리는 방법에 대해 설명해 줄게. 잘 들어봐!"

아이들은 뭔가 새로운 것을 배운다는 기대감에 집중한다.

"먼저, 모아 놓은 빨래를 색깔별로 구분해 세탁기 안에 넣는다. 그다음, 세탁 세제와 섬유 유연제를 넣고 뚜껑을 닫는다. 마지막으로, 전원을 켜고 시작 버튼을 누른다."

"선생님, 너무 간단해요. 그럼 저는 이불 개는 법을 설명할래요."

"선생님, 저는 빨래 개는 법을 설명할래요."

"선생님, 저는 집에서 학교에 가는 길을 설명할래요."

아이들은 다양한 주제에 대해 설명하고 싶어 손을 든다.

"그럼, 아빈이가 '이불 개는 법'부터 설명해 볼까?"

먼저, 침대 위에 있던 이불을 펼친다.
그다음, 펼친 상태로 바닥에 내려놓고 구겨진 곳이 없는지 확인한다.
그리고 종이접기 하듯이 반으로 접고, 다시 반으로 접어 적당한 크기를 만든다.
마지막으로 손에 들기 편한 모양으로 이불을 침대 위에 올려둔다.

설명하는 방법을 그림으로 자세히 그려 주는 것도 좋다.

- 바닥에 펼친다.
- 반으로 접는다.

- 적당한 크기로 다시 한 번 접는다.

아이들은 자신이 쉽게 설명할 수 있는 방법을 터득해, 너도나도 설명하기 시작한다. 읽는 이가 이해하기 쉽게 설명하기 위해서는 해 본 일이거나 익숙한 일부터 시작하면 좋다. 가끔 단계를 말하기 어려워하는 친구들에게는 질문을 통해 유도할 수 있다.

"이불을 접기 전에 뭘 해야 할까? 이불을 펼치고 접기 전에 빠진 것이 있지 않니?"

"떡볶이 만드는 데 빠진 게 있을까?"

아이들은 직접 경험한 것들을 설명할 때, 질문만 던져도 중간 단계를 금방 떠올린다. 집에서 학교로 가는 길을 설명할 때는 가는 길에 지나치는 큰 건물(도서관, 마트, 교회 등)을 위주로 설명하게 하면 된다. 집에서 가는 길이 두 가지 이상일 때에는 어떤 길이 더 빠른지 질문하여 아이가 다양한 방법을 생각하게 한다.

설명하는 글은 상대방이 모르는 정보를 알기 쉽게 전달하는 방법이다. 객관적인 글이므로 지식이나 정보를 사실대로 전달하는 것이 중요하다. 일의 순서나 방법을 설명할 때 중요한 포인트를 빠뜨리지 않도록 주의해야 한다. 또한, 번호를 붙이거나 '우선', '그다음'과 같은 표현을 사용하여 한눈에 보이도록 하는 것이 좋다. 마지막으로, 쉬운 낱말을 사용해 누구나 쉽게 이해할 수 있게 써야 한다.

설명하는 글은 누구나 쓸 수 있지만, 때때로 순서나 방법이 헷갈릴 수 있다. 이럴 때는 행동을 상상한 후 말해 보거나 적어보게 하면 된다.

"이전에 어떤 행동을 했어?"

"계란을 깨기 전에 무엇을 해야 할까?"

"다시 읽어 볼래? 어떤 부분을 먼저 써야 할 것 같아?"

아이들에게 순서를 알려주는 질문을 하면 설명하는 글을 쉽게 쓸 수 있다.

순서를 알려주는 방법

1. 행동을 상상하게 한다

아이들에게 특정 행동을 상상하게 함으로써 행동의 순서를 자연스럽게 이해하게 한다. 이를 통해 머릿속에서 그 과정의 순서를 정리하고 기억할 수 있게 된다.

요리를 예로 들면, "계란프라이를 만들 때 무엇을 해야 하는지 상상해 보자. 먼저 프라이팬을 준비하고, 그다음에 기름을 두르고, 계란을 깨서 넣고, 익을 때까지 기다린다."

2. 알기 쉽게 번호를 붙이거나 차례를 나타내는 단어를 사용하게 한다

단계별로 번호를 붙이거나 '먼저', '다음으로', '마지막으로'와 같은 차례를 나타내는 단어를 사용해 순서를 명확하게 표시한다. 이는 아이들이 어떤 단계가 먼저이고 나중인지 쉽게 파악하게 해 준다.

계란프라이를 만들기 위해서는 다음과 같은 순서로 진행한다.
1) 프라이팬을 가열한다.
2) 기름을 두른다.
3) 계란을 깨서 넣는다.
4) 계란이 익을 때까지 기다린다.

3. 설명할 상황을 그림으로 그리게 한다

상황을 시각적으로 이해할 수 있도록 그림으로 그려 보게 한다. 이는 순서를 더 명확하게 하고 기억하기 쉽게 만든다.

"계란프라이 만드는 과정을 그림으로 그려보자. 첫 번째 그림에는 프라이팬을 준비하는 장면을, 두 번째 그림에는 기름을 두르는 장면을, 세 번째 그림에는 계란을 깨서 넣는 장면을, 네 번째 그림에는 계란이 익어가는 장면을 그리면 된다."

4. 쓰기 전에 말로 하게 한다

행동이나 과정을 쓰기 전에 말로 설명해 보게 한다. 말하면서 순서를 다시 한번 정리하게 하고, 말한 내용을 바탕으로 글로 작성할 때 순서를 더 잘 이해하고 기록할 수 있다.

"계란프라이 만드는 과정을 글로 쓰기 전에, 말로 한번 설명해 보자.
'먼저 프라이팬을 가열하고, 그다음에 기름을 두른 후, 계란을 깨서 넣고, 익을 때까지 기다린다.'
이렇게 말한 후에 그 내용을 글로 작성하면 된다."

글쓰기가 쉬워지는 O, X 퀴즈

칠판에 몇 가지 퀴즈를 적었다.

"오늘은 ○, × 퀴즈를 이용해 글쓰기를 해 볼까요?"

"재활용은 모든 쓰레기를 줄이는 데 효과적이다.(○, ×)"

"전기를 아끼면 탄소 배출을 줄일 수 있다.(○, ×)"

"일회용 플라스틱은 해양 생물에 영향을 미치지 않는다.(○, ×)"

글을 쓰기 전에 다양한 배경 지식을 쌓는 과정이 필요한데 오늘은 ○, × 퀴즈를 활용하기로 했다. '퀴즈'라는 말에 좋아하던 아이들도 글쓰기를 한다는 말에 시큰둥한 표정을 짓는다.

"오늘 주제는 환경 보호예요. 환경 보호하면 생각나는 단어들을 이야기해 볼까요?"

전기 과다 사용, 쓰레기 분리수거, 탄소, 자동차, 지구 온난화 등 다양한 단어가 쏟아진다.

아이들이 제시한 단어를 바탕으로 ○, × 퀴즈를 진행한다.

"전기를 아끼면 탄소 배출을 줄일 수 있다. (○, ×)"

"오, 오, 오, 오."

아이들은 쉽게 정답을 맞추며 모두 "오"를 외친다.

이어서 꼬리 질문이 이어진다.

"전기를 아끼는 것이 왜 탄소 배출을 줄이는 데 도움이 될까요?"

"전기를 절약하는 방법에는 어떤 것들이 있을까요?"

"탄소 배출을 줄이기 위해 우리가 할 수 있는 다른 방법들은 어떤 게 있을까요?"

서론 쓰기를 어려워하는 아이들은 ○, × 퀴즈를 통해 질문을 던지는 방법을 익히면 쉽게 서론을 쓸 수 있다. 환경에 관심이 많거나 서론 쓰기가 어렵지 않은 학생들은 자유롭게 써 내려가지만, 그렇지 않은 학생들에게는 예시를 제공해 준다.

"선생님은 이렇게 써볼 것 같아요. '환경 보호'는 모두가 함께 노력해야 할 중요한 문제예요. 많은 사람이 재활용으로 모든 쓰레기를 줄일 수 있다고 생각해요. 하지만 정말 그럴까요?"

본론에서는 '재활용의 장점과 한계, 효과적인 재활용 방법'에 대한 ○, × 퀴즈가 이어진다.

"쓰레기는 자원을 재활용하고 쓰레기 매립 부담을 줄이는 데 도움이 된다. (○, ×)"
"모든 쓰레기를 재활용할 수 있다. (○, ×)"
"재활용만 잘하면 환경 보호를 할 수 있다. (○, ×)"
"환경 보호를 위해서는 전기를 아끼고, 일회용품 사용을 줄이는 것도 중요한 방법이다. (○, ×)"

결론에서는 ○, × 퀴즈를 통해 재활용도 중요하지만, 환경 보호를 위해서는 전기도 아끼고, 일회용품 사용을 줄이는 것과 같은 다양한 노력이 필요하다는 것을 강조한다.

○, × 퀴즈를 통한 글쓰기는 아이들이 글쓰기에 흥미를 갖게 하고, 자신의 경험을 말로 꺼내는 데 효과적인 방법이다. 다양한 지식을 쌓고 글쓰기에 대한 부담을 덜어주는 퀴즈 글쓰기를 통해, 아이들은 글쓰기를 더욱 재미있게 시작할 수 있다.

퀴즈를 활용한 글쓰기 방법

1. 퀴즈로 관심 유도

O, X 퀴즈는 아이들이 참여하기 쉬운 형식으로, 즉각적인 반응을 이끌어낼 수 있다. 예를 들어, "전기를 아끼면 탄소 배출을 줄일 수 있다."와 같은 문장을 제시하여 학생들이 환경 문제에 대해 생각해 보도록 한다.

2. 배경 지식 확장

퀴즈를 통해 아이들의 기본적인 지식을 확인한 후, 관련된 배경 지식을 설명하면 주제에 대해 깊이 이해할 수 있고, 글쓰기에 필요한 정보를 줄 수 있다.

3. 주제를 소개하며 서론 쓰기

퀴즈를 통해 얻은 정보를 바탕으로 서론을 작성한다. 서론에서는 주제를 소개하고, 왜 이 주제가 중요한지 쓰게 한다. 예를 들어, "환경 보호는 우리 모두의 책임이다. 많은 사람들이 재활용이 모든 문제를 해결해 줄 것이라고 생각하지만, 과연 그럴까?"와 같이 시작할 수 있다.

4. 퀴즈의 질문과 답변으로 본론 쓰기

본론은 퀴즈에서 다룬 여러 질문과 답변을 중심으로 구성할 수 있다.
예를 들어, "재활용의 장점과 한계", "효과적인 재활용 방법", "전기를 절약하는 방법" 등의 답변을 하며 자신의 생각을 더해 글을 구성할 수 있다.

5. 퀴즈의 학습 내용으로 결론 쓰기

결론에서는 글의 요점을 정리하고, 퀴즈를 통해 학습한 내용을 바탕으로 최종적인 생각을 쓴다. 예를 들어, "재활용은 중요하지만, 모든 문제를 해결할 수 있는 것은 아니다. 우리는 전기 절약, 일회용품 사용 줄이기 등 다양한 방법을 통해 환경 보호에 동참해야 한다."와 같이 마무리할 수 있다.

구체적인 표현법을 익히는 여섯 가지 질문 법칙

'누가?', '언제?', '어디서?', '무엇을?', '어떻게?', '왜?'라는 여섯 가지 질문 법칙은 기사문의 필수 요소로, 우리는 이를 '육하원칙'이라고 부른다.

오늘은 일상생활에서 있었던 일이나 여행에서의 기억을 '여섯 가지 질문 법칙'을 활용하여 나타내 보기로 했다.

보통 일상 경험이나 여행을 다녀온 기억을 쓸 때는 재미있었던 경험만 떠올리고 중요한 순간들은 잊어버리기 쉽다. 이럴 때 '여섯 가지 질문 법칙'을 활용하면, 중요한 내용을 빠트리지 않고 구체적으로 쓸 수 있다.

예시 1 "나는 (   ) 다쳤다"라는 문장에 '여섯 가지 질문 법칙'을 적용해 보았다.

- 누가: 나는 누구와 함께 있었나?
- 언제: 언제 그 일이 일어났나?
- 어디서: 어디에서 다쳤나?
- 무엇을: 어디를 다쳤나?
- 어떻게: 어떻게 다쳤나?
- 왜: 왜 다쳤나?

<table>
<tr><td rowspan="6">나는</td><td>누가:
누구와 함께 있었나?</td><td>친구와 함께 있다가</td><td rowspan="6">다쳤다.</td></tr>
<tr><td>언제:
언제 그 일이 일어났나?</td><td>6월 20일
학교 수업이 끝나고</td></tr>
<tr><td>어디서:
어디에서 다쳤나?</td><td>교문 앞에서</td></tr>
<tr><td>무엇을:
어디를 다쳤나?</td><td>무릎을</td></tr>
<tr><td>어떻게:
어떻게 다쳤나?</td><td>넘어져서 피가 났다.</td></tr>
<tr><td>왜:
왜 다쳤나?</td><td>친구와 장난을 치다가</td></tr>
</table>

예시 2 "나는 (   ) 갔다"라는 문장에 '여섯 가지 질문 법칙'을 적용해 보았다.

<table>
<tr><td rowspan="6">나는</td><td>누가?</td><td>아빠랑 나랑 둘이</td><td rowspan="6">갔다.</td></tr>
<tr><td>언제?</td><td>2024년 6월 13일부터
15일까지</td></tr>
<tr><td>어디서?</td><td>제주도로</td></tr>
<tr><td>무엇을?</td><td>말, 제트보트, 카트도 타고,
뷔페에 가서 맛있는 음식도
먹고, 인생 네 컷도 찍고,
말 공연도 보았다.</td></tr>
<tr><td>어떻게?</td><td>비행기를 탄 뒤 버스를 타고
호텔로 갔다.</td></tr>
<tr><td>왜?</td><td>아빠가 회사에서 제비뽑기에
당첨이 되어서</td></tr>
</table>

이렇게 질문을 던져가며 표를 작성하고, 작성한 내용을 활용해 글을 쓰면 아이들은 기억을 더 명확하게 떠올리고 구체적이고 풍부한 글을 쓸 수 있다. '여섯 가지 질문 법칙'은 글을 쓰는 데 중요한 도구로, 특히 경험을 체계적으로 정리하고 표현하는 데 큰 도움이 된다.

6가지 질문 법칙(5W1H) 사용하여 글쓰기

1. **Who(누가)**: 주인공을 정한다. 쓰고자 하는 글의 주인공이 누구인지 중요한 사람이 누구인지 정한다.
   예시 "나는 아빠와 함께 등산을 갔다."

2. **What(무엇을)**: 일어날 사건이나 행동을 설명한다. 주인공이 무엇을 하고 있는지 어떤 사건이 일어날지 알려 준다.
   예시 "산 정상에 도착했을 때, 하늘이 갑자기 어두워지며 비가 내리기 시작했다."

3. **When(언제)**: 사건이 언제 발생했는지 과거, 현재, 미래 중 어느 시점인지 알려 준다.
   예시 "저녁이었는데, 비를 피하려고 서둘러 내려갔다."

4. **Where(어디서)**: 사건이 어디에서 발생했는지 장소는 어디인지 알려준다.
   예시 "산에서 내려가다 보니 길이 사라졌다."

5. **Why(왜)**: 왜 그런 일이 일어났는지, 주인공이 왜 그렇게 행동하는지 알려 준다.
   예시 "비를 피해 서둘러 내려오다가 길을 잘못 들었기 때문이다."

6. **How(어떻게)**: 주인공이 어떻게 행동했는지, 사건이 어떻게 전개되었는지 알려 준다.
   예시 "길을 잃었지만 아빠와 나는 차분하게 서로를 의지하며 산을 내려왔다."

구체적인 질문은 생생한 이야기를 만들어 낸다

둘째 아이가 감기에 걸려 이비인후과를 찾았다. 자주 찾는 병원인데 그날따라 사람이 많아 어수선한 분위기였다. 그때 간호사 선생님이 조용히 찬희를 불렀다. 찬희는 공을 하나 가져왔다.

"이거 무슨 공이야?"

"한 달 전부터 내가 누구 공이냐고 물어봤던 공이에요."

"왜? 주인이 없는 공이야?"

"한 달 동안 찾아가지 않아서 주인이 없는 공이니까 저보고 가지라고 했어요."

"주인은 왜 공을 찾으러 오지 않았을까?"

그렇게 찬희는 받아 든 공을 안타까운 강아지 보듯 쳐다보았다. 그리고 자기 방 한편 작은 공간에 공을 가져다 놓았다.

일주일 후 아이는 일기에 이렇게 적었다.

제목: 공을 안 찾는 주인 2학년 이찬희

내가 어느 날 이비인후과에서 치료를 받고 나와 보니 공이 있었다. 그래서 간호사 언니한테 공을 주었다. 한 달 후 언니는 나한태 공을 내밀면서 이렇게 말했다. "주인이 한 달 동안 안 찾아가니까 가져가." 그 때 나는 (공을) 받았다.
그리고 그 공을 집에 놓았다. 그리고 또 일주일이 지났다.

주인은 왜 공을 안 찾아갈까?

맞춤법과 띄어쓰기를 생각한다면 좋은 글이 아니다. 하지만 아이는 공을 왜 찾아가지 않는지 의문을 가지고 글을 썼다. 하루 종일 있었던 일이 아닌 사건 위주의 글을 썼기 때문에 아이의 감정이 그대로 묻어나는 솔직한 글이 되었다. 하루의 일을 나열만 해도 쓰기 연습에는 도움이 된다. 하지만 사건 위주의 일기를 쓰는 게 글쓰기 연습에는 훨씬 좋다.

다른 친구의 일기를 보자.

제목: 이모네 1학년 유남희

우리는 이모네 가기 위해 버스장에서 71번 버스를 기다렸다. 71번 버스가 와서 나는 주희를 안아 버스를 탈라고 했는데 엄마가 위험하다고 해 엄마가 주희를 안고 버스에 탔다. 내가 주희를 버스에 태우고 싶었는데 너무 아쉬웠다.
우리는 버스를 타고 이모네로 갔다. 나와 주희는 버스에서 잠을 잤다. 일어나보니 이모네 옆에 햄버거 가게 옆에 다른 가게가 하나 보였는데 엄마가 공책 10권을 골라 얼마인지 물어보라고 하셨다. 우리는 물건 몇 개를 사서 이모네로 갔다.
(중략)
나와 동생은 만화를 봤다. 계속 보고 있었는데 엄마랑 이모가 왔는데 숨은 그림 찾기 공책을 주셨다. 그리고 우리를 위해 맛있는 음식을 해 주셨다. 정말 기분이 좋았다.

1학년 일기이기 때문에 하루의 일과를 나열한 것만으로도 의미가 있다고 볼 수 있다. 하지만 글쓰기 연습을 위한 글을 쓰기 위해서는 사건 위주의 글을 쓰는 게 더 도움이 된다.

이 일기는 세 가지 질문으로 나누어 써 볼 수 있다.

1. 이모네 집에 갈 때 버스를 타고 가면서 어땠니?
2. 엄마랑 이모가 없는 동안 봤던 만화는 어떤 점이 재미있었니?
3. 이모가 해 준 맛있는 음식은 무엇이었니? 그 음식을 누구에게 추천해 주고 싶니?

아이의 글쓰기 능력을 향상시켜 주고 싶다면 한 가지의 일을 구체적으로 쓰게 도와주면 된다. 하지만 아이들은 구체적으로 쓰라고 하면 어렵게 느끼므로 아이와의 대화를 통해 구체적으로 쓰는 게 어떤 것인지 자연스럽게 알려주는 것이 좋다.

남희의 일기에서 '엄마와 버스 탄 날'이라는 주제로 일기를 쓴다고 가정해 보자.

버스라는 글감에 맞춰 글을 쓰기 위해서는 버스를 타기 전, 중, 후로 나누어 질문을 할 수 있다.

- 버스 타기 전 : 동생을 안고 버스를 기다리면서 어떤 생각을 했어?
- 버스 안에서 : 버스를 타고 가면서 느꼈던 마음을 얘기해 볼까?
  버스를 타고 가면서 네가 동생을 안고 갔으면 어땠을 것 같아?
  버스가 흔들릴 때 어떤 기분이 들었어?
- 버스에서 내린 후 : 버스에서 내릴 때 사람들이 같이 내리니 어땠니?

구체적인 질문은 아이가 글을 쓸 때 주제에만 집중할 수 있도록 도와준다. 예를 들어,

"동생을 안고 버스를 기다리면서 어떤 생각을 했어?"라는 질문에 아이는 이렇게 대답할 수 있다.

"동생을 안고 버스를 기다리면서 동생을 버스에 태우고 싶다는 생각을 했어요."

"동생을 안고 버스를 기다리면서 지루하다는 생각을 했어요."

일기를 지도하는 세 가지 방법

1. 한 가지 사건에 집중하게 한다

하루 동안 있었던 모든 일을 나열하기보다는 특별히 기억에 남는 한 가지 사건을 선택해 구체적으로 쓰도록 한다.

2. 구체적인 질문을 한다

"동생을 안고 버스를 기다리면서 어떤 생각을 했어?"와 같은 구체적인 질문을 통해 아이가 그날의 경험을 생생하게 떠올리고 표현할 수 있게 도와준다.

3. 감정과 생각을 표현하게 한다

"그때 어떤 기분이었니?"와 같은 질문을 통해 아이가 자신의 감정과 생각을 글로 표현할 수 있도록 유도한다.

3단계
쓰기 위한 쓰기

첫 문장의 두려움을 설렘으로

"오늘은 시를 쓰는 날이에요."

"와~ 시 좋아요."

"선생님, 그림도 그려도 되나요?"

"시화를 쓸 예정이니 시도 쓰고, 그림도 그려보자."

아이들이 시화를 좋아하는 이유는 단순하다. 짧은 글을 쓰고 그림을 그릴 수 있기 때문이다. 이 과정은 아이들에게 글쓰기의 부담을 덜어주며, 창의성을 발휘할 기회를 준다. 대체로 아이들은 그림 그리기를 좋아하기 때문에, 칠판에 내가 먼저 그림을 그리면 누구도 못 그린다는 말을 하지 않는다. 사실 못 그리기로는 내가 일등이다.

문제는 시이다. 아무리 짧은 시라도 어떤 아이들에게는 너무 어렵다.

"오늘은 다양한 이야기를 가지고 시를 써볼까? 시집 안에 들어가 있는 글감도 좋고, 쓰고 싶은 시를 써도 좋아."
"선생님, 뭐 써야 하나요?"
"아무것도 떠오르지 않는다면 책을 보고 좋았던 시를 옮겨 적어 보자."

『토마토 기준』(김준현, 문학동네)이라는 시집을 읽은 뒤 독후 활동으로 시 쓰기 수업이 시작된다. 아이들은 긴장된 표정으로 종이를 응시한다. 마치 경쟁하듯이 옆 친구들의 글쓰기 속도에 자극을 받아 힐끗거리며 글을 쓰기 시작한다.

선민이가 빠르게 시를 한 편 써냈다.

보인다 보인다 다 보인다 3학년 박선민

보인다. 보인다. 다 보인다.
창문 밖에는
우는 아이도 보이고

웃는 아이도 보인다.

또 개미가 집을 짓는 모습도 보인다.

보인다. 보인다. 다 보인다.

창문 밖에는 아름다운 색도 보인다.

이 세상에는 안 보이는 게 없다.

정말로 다 보인다.

마음의 눈으로는 다른 사람의 마음도 보인다.

꽃길도 보인다. 아름다운 세상.

창문을 통해 세상의 모든 것을 다 알고 싶고, 보고 싶은 선민이의 마음이 보이는 시다.

사각 사각

3학년 김해랑

사각 사각

연필 깎는 소리

누가 누가 연필을 깎나?

사각 사각

사과 먹는 소리

음~ 달콤한 사과 맛있겠네.

누가 사과를 먹는 걸까?

누가 누가
연필을 깎나?
누가 누가
사과를 먹나?

역시… 숙제를 하면
딴짓을 하게 된다니까!

지루한 숙제를 할 때면 들리는 소리들을 재미있게 표현했다.

아이들이 시를 쓰기 시작했을 때 가현이는 빈 종이를 한참 동안 쳐다본다. 친구들이 뭘 쓰는지 두리번거리며 자신의 빈 종이를 뚫어질 듯 보고만 있다.

"가현이는 어떤 시를 써보고 싶어?"
"잘 모르겠어요."
"그럼 책에서 가현이가 좋아할 만한 그림을 하나 골라볼까? 우리는 그림부터 그리자. 그림을 먼저 그리다 보면 뭔가 떠오를 거야."
"선생님, 저는 김밥을 그려볼래요."

"그래, 맛있는 김밥을 그려볼까?"

수업이 끝나고 가현이는 제일 마지막까지 교실에 남아 있었다. 그리고 김밥을 멋지게 마무리했다.

김밥

3학년 이가현

김밥이 먹고 싶다.
햄이 가득 든 김밥이 먹고 싶다.

오물오물 밥알이 가득 든 김밥이 먹고 싶다.

수업이 끝나고 집에 가면
김밥이 있었으면 좋겠다.

시를 쓸 때 알아두면 좋은 비유법

1. 은유법

은유는 두 가지 다른 것을 직접적으로 비교해서 설명하는 방법이다. '같다'나 '처럼'을 사용하지 않고, 두 가지를 직접 연결한다.

예시 1 "시간은 금이다."

- 여기서 '시간'을 '금'으로 표현함으로써, 시간이 매우 소중하고 가치 있는 것임을 강조하고 있다.

예시 2 "세상은 무대, 우리는 모두 배우이다."

- 여기서는 '세상'을 '무대'로, '사람'을 '배우'로 표현하여, 인생이 연극과 같고 우리는 각자의 역할을 맡아 살아가고 있음을 은유적으로 나타내고 있다.

2. 직유법

직유는 두 가지 다른 것을 '처럼'이나 '같이'라는 단어를 사용해서 비교하는 방법이다.

예시 "그의 웃음은 햇살처럼 밝다."

- 여기서 '햇살'과 '웃음'을 '처럼'을 사용하며 비교해 웃음이 밝고 따뜻하다는 의미를 전달한다. 직유를 사용하면 두 가지를 비교할 때 더 명확하게 이해할 수 있다.

3. 의인화

의인화는 사물이나 동물이 사람처럼 행동하게 하는 방법이다.

예시 1 "나무가 바람에 춤을 추듯 흔들린다."

- 여기서 나무가 실제로 춤을 추지는 않지만, 바람에 흔들리는 모습을 사람이 춤추는 것처럼 표현하고 있다.

감정 단어 활용하여 이야기 만들기

아이들은 글쓰기보다 말하기를 더 좋아한다. 띄어쓰기나 맞춤법을 고민하며 글을 쓰는 것보다 자신이 직접 겪은 일을 이야기할 때 더욱 신나고 생생하게 사실을 전달할 수 있기 때문이다.

『구멍에 빠진 아이』(조르디 시에라 이 화브라, 다림)라는 책을 읽으며, 우리는 글감을 찾기로 했다. 이 과정에서는 단순히 책에 대한 내용을 이야기하는 것이 아니라, 자신이 '구멍에 빠진 아이'를 보며 느꼈던 감정들을 감정 단어를 사용해 표현하는 시간을 가졌다.

『구멍에 빠진 아이』의 주인공 마르크는 길을 가다 구멍에 빠진다. 혼자 안간힘을 써 보지만 도저히 빠져나올 수 없다. 다른 사람들의 도움을 받으려 하지만, 그 누구도 그의 이야기를 들어주지 않는다. 어떤 어른은 마르크를 거짓말쟁이로 몰아세우며 혼내고, 경찰은 도로 교통 위반이라며 딱지까지 뗀다.

그러다 마르크는 라피도라는 개와 거지의 도움으로 자신이 스스로의 힘으로 구멍에서 나와야 한다는 사실을 깨닫게 된다. 결국, 마르크는 혼자 힘으로 갇혀 있던 구멍에서 나온다. 마르크가 나와야 하는 구멍은 진짜 구멍이 아니다. 별거 중인 엄마와 아빠 사이를 오가며 자신이 어디에도 쓸모없다고 느낀 마르크 자신이 만든 구멍이다.

"얘들아, 이 책 어땠니?"

"선생님, 너무 어려웠어요."

"구멍이 진짜 구멍인 줄 알았어요."

"경찰이랑 신부님이 아이를 도와줄 거라 생각했어요."

오늘은 책의 내용보다는 아이들이 이야기하고 싶은 사람들에 집중하기로 한다. 이 책에는 군인, 산책하는 부부, 연인, 신부, 시각 장애인, 기자, 관광객 등 마르크를 모른 척한 다양한 어른들이 등장한다. 아이들은 이 어른들을 어떻게 바라보고 있을까?

"책 속에 나온 어른들 중 '나라면 이렇게 했겠다'라고 생각한 어른이 있다면 이야기해 볼까?"

"경찰들이요. 경찰은 사람들을 보호해 주는 사람들이잖아요. 그런데 마르크를 구해주기는커녕 딱지를 뗀다고 해서 이해할 수 없었어요. 제가 만약 경찰이었다면 아이를 구멍에서 꺼내 경찰서로 데려가 엄마, 아빠에게 연락했을 거예요."

"신부님이요. 신부님은 온화한 얼굴을 하고 있었지만, 아이를 구해주지 않아서 많이 불안했을 것 같아요."

다음은 감정 단어들을 활용해 마르크의 심경 변화를 살펴본 것이다.

- 마르크는 길을 가다 갑자기 구멍에 빠져 매우 답답했다.
- 지나가는 사람들에게 도움을 요청하고 싶었지만 아무도 도와주지 않아 두려웠다.
- 지나가는 개가 마르크를 도와주어 안심이 되었다.
- 마르크는 불안하고, 걱정스러운 마음이 곧 구멍이라는 사실을 알게 되었다.
- 스스로 구멍에서 빠져나온 마르크가 자랑스럽다.

글을 쓸 때 유용한 감정 단어

기쁜 감정을 나타내는 단어 5개

① 설레다 - 기대와 흥분으로 마음이 두근거린다.
② 행복하다 - 마음이 매우 기쁘고 만족스럽다.
③ 사랑스럽다 - 매우 좋아해 애정을 느끼다.
④ 감동하다 - 마음 깊이 감명을 받다.
⑤ 평온하다 - 마음이 차분하고 안정되어 있다.

슬픈 감정을 나타내는 단어 5개

① 애통하다 - 깊이 슬퍼하고 괴로워하다.
② 비통하다 - 마음이 아프고 매우 슬프다.
③ 낙담하다 - 기대가 무너져서 실망하고 풀이 죽다.
④ 좌절하다 - 노력한 일이 잘 안 돼서 낙심하다.
⑤ 쓸쓸하다 - 외롭고 허전한 느낌이 들다.

생각을 사진처럼 떠올리면 묘사가 쉬워진다

아이들에게 머릿속에 떠오르는 생각과 이미지를 글로 쓰라고 하는 것은 어려운 일이다. 왜냐하면 생각을 구체적으로 묘사하는 법을 배우지 못했기 때문이다. 그러나 '생각을 사진으로 찍는 연습'을 하면 묘사가 쉬워진다. 한순간의 이미지를 머릿속에서 사진처럼 떠올리고, 그 이미지를 글로 옮기는 법을 배우면 글쓰기가 더 생생하고 재미있어진다.

'생각을 사진으로 찍는다'는 것은 머릿속에 떠오르는 이미지를 마치 사진을 찍듯 구체적으로 떠올리는 것을 의미한다. 이 연습을 통해 우리는 생각의 구체적인 모습을 시각화하고, 이미지를 글로 묘사하는 능력을 키울 수 있다. 마치 사진작가가 아름다운 풍경을 카메라에 담는 과정과 비슷하다.

“오늘은 기행문을 써보도록 할게요.”

“선생님, 기행문이 뭐예요?

“기행문은 여행하면서 겪은 일, 본 것, 만난 사람들, 그리고 그때 느꼈던 감정 등을 기록한 글이에요. 중요한 것은 여행의 경험을 생생하게 전달하는 것인데 읽는 이들이 마치 함께 여행하는 듯한 느낌을 줄 수 있도록 구체적이고 자세하게 묘사하는 것이 중요하답니다.”

아이들은 여행했던 일을 떠올리며, 그때의 풍경과 본 것들을 사진으로 찍듯 구체적으로 기억해 내려고 노력한다. 예를 들어, “우리 가족은 기차를 타기 위해 서울역에 갔어요.”라는 문장을 단순히 이야기하는 대신, 서울역의 풍경을 사진처럼 떠올리고, 그 이미지를 글로 표현할 수 있다.

“우리 가족은 기차를 타기 위해 서울역에 갔어요. 택시에서 내리니 크고 웅장한 서울역이 보였어요. 역 주변에는 유리로 반짝거리는 건물이 하나 더 있었고, 새벽이었지만 많은 사람들이 있었어요.”

아이들은 그때의 순간으로 돌아가 자신이 보고 경험한 것을 구체적으로 묘사할 수 있다. 예를 들어, 화장실에 사람이 너무 많아서 다리를 배배 꼬며 기다렸던 순간을 떠올려 보게 하고, 그때의 장면을 사진처럼 생생하게 글로 옮겨보는 것이다.

주은이는 제주도를 여행한 기억을 바탕으로 기행문을 썼다. 아이는 여행지에서 본 풍경을 사진처럼 머릿속에 떠올리며, 그 순간의 감정을 생생하게 글로 옮겼다.

"지난여름, 우리 가족은 제주도로 여행을 갔다. 새벽 5시에 일어나 택시를 타고 김포공항에 도착했다. 새벽이라 바람이 차갑게 느껴졌다. 제주도에 도착해 처음 간 곳은 성산 일출봉이었다. 높은 산을 오르며 등에 땀이 났지만, 시원한 바람이 불어 땀을 금방 식혀주었다. 멀리서 들리는 파도 소리를 들으며 가족사진도 찍었다.

다음으로는 우도라는 섬에 갔다. 우도로 들어가는 배가 바다에 둥둥 떠다니는 구름 같았다. 우도에서 자전거를 빌려서 탔는데 길가에 꽃들이 예뻐서 꽃만 바라보고 달렸다.
점심에는 제주 흑돼지를 먹었는데 제주도에서만 맛볼 수 있는 특별한 음식이라서 그런지 더 맛있게 느껴졌다. 고기는 부드럽고 양념은 달콤했다. 우리 가족 모두 배불리 먹고 나니 자리에서 일어날 수가 없었다.

마지막 날, 우리는 협재 해수욕장에 갔다. 하얀 모래사장과 새파란 바다가 우리를 반겼다. 엄마, 아빠는 파라솔을 빌려 그 밑에서 쉬고 계셨다. 해가 질 때쯤 아쉬운 마음으로 짐을 챙겼다.
제주도로 갈 때는 새벽이라 힘들었는데 막상 와서 놀다 보니 집에 가기 싫어졌다. 내년에 꼭 다시 오고 싶다."

아이들은 무한한 상상력을 가지고 있다. 재미있었던 경험을 되살려 사진처럼 떠올리다 보면, 자신도 모르게 그때의 순간에서 있는 것처럼 느껴질 것이다. '생각을 사진으로 찍는 연습'은 아이들의 글쓰기 능력을 키울 뿐만 아니라, 상상력과 표현력도 함께 발전시킬 수 있는 훌륭한 방법이다.

묘사를 쉽게 하는 방법

1. 오감 활용하기

- 시각(보는 것): 그 꽃은 어떤 색깔이었나요? 어떤 모양이었나요?
- 청각(듣는 것): 바람 소리는 어떻게 들렸나요?
- 후각(냄새 맡는 것): 그 음식에서 어떤 냄새가 났나요?
- 미각(맛보는 것): 그 과일은 어떤 맛이었나요?
- 촉각(만지는 것): 그 인형은 어떤 촉감이었나요?

2. 비교하기

크기, 모양, 색깔, 소리 등을 다른 것과 비교하면 더 쉽게 이해할 수 있다.

- 그 고양이는 축구공만큼 작았다.
- 그 나무는 하늘까지 닿을 것처럼 높았다.
- 그 초콜릿은 새까만 밤하늘 같았다.

3. 자세하게 작은 부분 묘사하기

- 그 집은 빨간 지붕에, 노란 벽이 있었다. 창문에는 흰색 커튼이 달려 있었다.
- 그 강아지는 작은 귀와 꼬리가 있었고, 털은 부드럽고 하얗게 빛났다.

4. 감정 단어를 넣어 묘사하기

감정 단어를 넣어서 묘사하면 생생하게 구체적인 표현을 할 수 있다.

- 산을 보니 웅장해서 놀랐다.
- 맛있는 아이스크림을 먹으니 행복하고 기분이 좋아졌다.

5. 이야기 만들며 묘사하기

- 소녀는 초록색 드레스를 입고, 노란색 꽃밭을 걸어갔다.
  바람이 불 때마다 꽃향기가 코끝을 간질였다.
- 우리 가족은 바닷가에 갔다.
  바닷물은 맑은 파란색이었고, 파도가 치는 소리는 음악 같았다.
  모래는 따뜻하고 부드러웠다.

포인트 단어를 떠올리면 글쓰기가 쉬워진다

글을 쓸 때 어디서부터 써야 할지 막막하다면 포인트 단어(중심 단어), 문장, 살 붙이기의 과정을 통해 전체 줄거리를 만들 수 있다.

오늘은 『오늘도 용맹이 1: 용맹해지는 날』(이현, 비룡소)이라는 책을 가지고 줄거리를 정리하는 날이다. 줄거리는 독후감에서 본론에 들어가는 부분으로 포인트 단어 찾기, 문장 만들기, 살 붙이기의 단계로 만든다. 문장 만들기가 어려운 경우 책에 있는 문장을 활용해도 된다.

"애들아, 우리 책에서 포인트 단어(중심 단어)를 한 번 찾아볼까?"

"산책, 용과 맹이요."

"울타리, 고자질, 식빵, 오징어 맛 과자…."

"좋아요. 이 단어들을 가지고 줄거리를 함께 써볼게요."

아이들이 찾은 단어를 순서대로 나열했다.

산책, 용과 맹, 울타리, 오해, 식빵, 오징어 맛 과자, 진실, 가족.

그리고 포인트 단어를 가지고 줄거리를 생각하며 문장을 만들었다.

산책 : 용이는 아빠와 언니와 **산책**하는 것을 좋아한다.

용과 맹 : 어느 날 아빠와 언니는 맹이라는 강아지를 데려왔다. 그들은 **용과 맹**이 되었다.

울타리 : 아빠와 언니가 없을 때 맹이는 **울타리**를 넘어 집을 어지럽혔다.

오해 : 용이는 울타리 밖에 있다는 이유로 언니와 아빠한테 **오해**를 받았다.

식빵 : **식빵**이 떨어져 식탁이 엉망이 되었다.

오징어 맛 과자 : 맹이는 **오징어 맛 과자**를 보자마자 울타리에서 솟구쳐 올랐다.

진실 : 마침내 **진실**이 밝혀졌다.

가족 : 용과 맹이는 **가족**이 되었다.

"책에 나온 포인트 단어를 가지고 문장을 만드니 이야기가 한눈에 보이죠? 다음은 이 문장들을 가지고 줄거리를 써볼까요?"

아이들이 감을 잡았다는 표정으로 글을 쓰기 시작했다.

용이는 아빠, 언니와 산책하는 것을 좋아해요. 용이는 비번 누르는 소리도 좋아해요.
오늘은 비번 누르는 소리가 나고 언니와 아빠가 다른 개를 데리고 들어왔어요.
그 강아지 이름은 맹이에요. 언니는 맹이를 울타리 안에 넣었어요. 하지만 아빠와 언니가 없을 때 맹이는 울타리를 넘어 집을 어지럽혔어요. 용이는 오해를 받았어요.
언니 친구 유미가 집으로 놀러 왔어요. 유미 언니에게서 오징어 맛 과자 냄새가 났어요. 오징어 맛 과자 냄새를 맡은 맹이가 울타리에서 솟구쳐 올랐어요. 용이는 짖기 시작했어요. 진실이 밝혀졌어요. 그날 이후로 울타리는 사라졌어요. 그런데 참 이상하게도 맹이가 힘이 없어 보였어요. 용이는 다시는 엄마를 만나지 못할 맹이를 위로했어요. 둘은 가족이 되었어요.

아이들은 '그냥 써볼까?'로는 글을 이어쓰기가 힘들다. 조금 시간이 걸리고, 부족한 글이 나오더라도 포인트 단어 찾기, 문장 만들기, 문장에 살 붙이기 과정을 거치면 어떤 글이든 흐트러지지 않고 쓸 수 있다.

처음부터 완벽한 글은 나오지 않는다. 몇 번 다시 쓰기 과정을 거치면 좀 더 매끄럽고 구체적인 글을 쓸 수 있다.

줄거리 쉽게 쓰는 방법

1. 포인트 단어를 떠올린다

글의 주제를 생각해 보고, 그와 관련된 중요한 단어들을 떠올려 본다.

예시 "여름 방학", "댄스 대회", "친구" 등과 같은 단어들을 떠올릴 수 있다.

2. 포인트 단어로 기본 문장을 만든다

떠올린 포인트 단어를 이용해 간단한 문장을 만들어 본다. 만약 어려우면 책 속의 문장을 참고해도 좋다.

예시 "여름 방학 동안 친구들과 댄스 연습을 했다."

3. 만든 문장으로 전체 스토리를 말해 본다

만들어진 문장을 바탕으로 전체 스토리를 말해 본다. 줄거리를 말하면서 필요한 부분을 추가하거나 수정할 수 있다.

4. 기본 문장에 살을 붙인다

기본 문장에 구체적인 내용을 추가한다. '누가', '언제', '어디서', '무엇을', '어떻게', '왜'를 생각하면서 문장을 덧붙이면 더 풍성한 줄거리를 만들 수 있다.

예시 "여름 방학 동안, 우리는 학교에서 친구들과 댄스 연습을 했다."

*** 실전연습**

① 포인트 단어 떠올리기

- 주제: 여름 방학
- 관련 단어: 친구들, 댄스, 댄스 대회, 학교

② 포인트 단어로 기본 문장 만들기

"여름 방학 동안 친구들과 댄스 연습을 했다."

③ 전체 스토리 말해 보기

"여름 방학 동안, 효원이와 나는 댄스 대회에 나가기 위해 학교에서 연습을 했다.", " 댄스 연습이 힘들었지만 뿌듯하고 기뻤다."

④ 기본 문장에 살 붙여 쓰기

"여름 방학 동안, 효원이와 나는 매일 아침 일찍 일어나 학교에 갔다. 아침 시간이라 방과 후 학교를 오는 친구들로 붐볐다. 우리는 댄스 연습을 하려고 조용한 공간을 찾았다. 연습을 하면서 힘든 일도 많았지만 뿌듯하고 기뻤다. 개학 후 학교 축제 때 멋진 모습으로 무대에 서고 싶다."

글쓰기에도 주관식과 객관식이 있다

시험 문제에만 주관식, 객관식이 있는 것이 아니다. 글쓰기에도 주관식과 객관식이 있다. 풀리지 않는 문제라면 객관식이 주관식보다 더 쉽다. 우리 아이들의 글쓰기도 마찬가지다.

주제를 주고 '그냥 써보자'라고 하는 주관식 글쓰기는 어려울 수 있다. 하지만 객관식이라면 다르다. 1번부터 5번까지 보기 중에 하나를 고르면, 글쓰기가 좀 더 쉽게 다가올 수 있다. 예시를 주는 방법이 바로 글쓰기에서의 객관식이다.

오늘은 『후회의 이불킥』(백혜영, 잇츠북어린이)이라는 책을 가지고 아이들과 이야기를 나누어 보았다.

"여러분, 책 표지를 보고 어떤 느낌이 들었는지 이야기해 볼까요?"
"선생님, 저는 이불킥에서 으스스한 기분이 느껴져요."
"저는 왠지 창피한 일이 일어날 것만 같아요."

책 표지를 보고 아이들이 느끼는 감정은 다양하다. 하지만 그 중에서도 아무 말 없이 앉아 있는 아이들이 있다. 속으로 수만 가지 생각을 하고 있지만, 겉으로 표현하기 어려운 아이들이다. 이런 친구들에게 필요한 게 바로 객관식이다.

"자, 책 표지를 보고 느낄 수 있는 감정 세 가지를 예시로 줄게요. 어떤 감정이 느껴지는지 번호로 말해 주세요. 1번, '후회의 이불 킥' 글자를 보니 감전된 것 같아요. 2번, 주인공의 발가락을 보니 진짜 이불을 차는 것 같아요. 3번, '후회' 글자가 눈물을 흘리는 모습이 꼭 저를 닮았어요."
"선생님, 저는 1번이에요. 감전되는 모습이 재밌어요."
"저는 2번이에요. 진짜 이불을 차는 모습이에요. 왜 이불을 차는지 궁금해졌어요."
"선생님, 저는 1번이요."

번호만 말해도, 아이들이 속으로 많은 고민을 하고 있다는 것을 알 수 있다.

본문도 마찬가지다. 책을 재미있게 읽었거나 글쓰기를 즐기는 아이들은 재빠르게 글을 쓴다. 하지만 그렇지 않은 친구들도 있다. 글을 쓰지 못하는 이유 중 하나는 책을 제대로 읽지 않았거나 이해하지 못했기 때문이다. 그럴 때는 객관식 줄거리 쓰기를 하면 된다.

객관식 줄거리는 챕터별로 두 개의 문장을 만들어 예시를 제공하는 방법이다. 『후회의 이불킥』은 총 7개의 챕터로 구성되어 있어, 총 14개의 예시 문장을 제공했다. 문장을 나열하고 글쓰기를 하면, 아이들이 스스로 줄거리와 내용을 파악할 수 있다.

- 서연이의 책상 위에는 토끼 얼굴이 그려진 지갑이 놓여 있었다.
- 민희의 가슴속에는 어느새 후회하는 마음이 몽실몽실 피어올랐다.
- '파마를 하면 지금보다 훨씬 더 멋져질 거야.'
- 푸들처럼 귀엽기도 하고, 얼핏 지렁이 백 마리가 기어가는 것처럼 이상해 보이기도 했다. (중략)

아이들은 자신들이 받은 14문장을 나열하며 열심히 줄거리를 만들었다. 문장이 적힌 종이를 용지에 붙이고, 그 옆에 500자 분량의 글을 쓴다.

"어떻게 써요?"라는 질문은 없다. 14문장을 나열하고, 문장에 살을 붙여 쓰는 아이들도 있고, 그대로 쓰는 아이들도 있지만, 못 쓰는 아이는 없다. 객관식 글쓰기 노트는 글쓰기를 어렵게 느끼는 아이들에게 유용한 도구다.

〈객관식 글쓰기 노트〉

날짜 이름	
문장 나열하기	

500자 글쓰기	
글을 쓰고 느낀점	

객관식 글쓰기 하는 법

1. 챕터별로 두 개의 문장을 만든다
각 챕터에서 중요한 내용을 담은 두 개의 문장을 만든다. 이 문장들은 해당 챕터의 핵심 아이디어를 포함해야 한다.

2. 문장을 섞은 후 줄거리를 찾아 용지에 붙인다
만든 문장들을 섞어 순서를 무작위로 만든 후, 이 문장들을 이용해 전체 줄거리를 찾아본다. 그런 다음 용지에 붙여 정리한다.

3. 붙인 문장을 가지고 500자 글쓰기를 한다
붙인 문장들을 바탕으로 500자 분량의 글을 쓴다. 이 글은 문장들의 흐름에 맞춰 자연스럽게 전개되도록 한다.

4. 글을 쓰고 느낀 점을 적는다
글쓰기를 마친 후, 이 과정에서 느낀 점이나 배운 점을 기록한다. 무엇이 잘 되었는지, 무엇을 개선할 수 있을지 반성하는 시간을 갖는다.

부모가 함께 쓰면 아이의 글쓰기에 날개가 달린다

아이들과 책을 읽고 글을 쓰면서, 매 순간 '어떻게 하면 아이들이 더 좋은 글을 쓸 수 있을까?'를 고민하게 된다. 그중에서도 가장 유용한 방법은 '교환 일기'였다. 아이 셋을 키우며 가장 중요하게 생각했던 부분은 아이들과의 소통이었는데, 매 순간 아이들의 마음을 읽어내는 것은 결코 쉬운 일이 아니다. 그래서 선택한 방법이 바로 '교환 일기'와 '일기에 댓글 달기'였다.

'교환 일기'는 아이와 함께 일기를 쓰면서 글쓰기에 긍정적 동기를 부여할 수 있는 좋은 방법이다. 물론 '엄마가 한 번, 아이가 한 번'이 이상적이지만, '엄마가 세 번, 아이가 한 번'이라도 충분하다. 교환 일기는 형식이 없다. 하루 동안 있었던 일을 적어도 되고, 시를 적어도 된다. 때로는 질문을 던지는 질문 일기를 써도 된다.

"자, 오늘부터 교환 일기를 써볼 거야."
"교환 일기가 뭐예요?"
"일기장 한 권으로 둘이 또는 여럿이 나누어 쓰는 일기야. 하루 동안 있었던 일을 써도 되고, 시를 써도 되고, 질문을 해도 돼."
"좋아요."

나는 일상을 적은 글을 큰아이에게 건넸다. 며칠 후, 아이는 고민의 흔적이 담긴 답장을 적어 왔다. 대견하고 신기했다. 일기는 독후감이나 설명문, 논설문과는 다르다. 온전히 자신의 이야기를 적고, 자신의 감정을 담는다. 일기를 자주 쓰는 아이는 자신의 감정을 글로 표현하는 데 주저함이 없다.

아이들의 글에 댓글을 다는 일도 마찬가지다. 하루에 딱 5분만 투자하면 스스로 글을 쓰는 아이로 성장시킬 수 있다.

2024년 2월 21일 토요일. 날씨: 추움

제목: 내가 지켜야 할 일

오늘 엄마에게 혼이 났다. 그래서 이것만은 지키기로 했다. 첫째, 떼를 부리지 않는다. 둘째, 내 일은 내가 알아서 한다. 셋째, 나보다 작은 사람을 지킨다. 넷째, 남이 싫어하는 것은 하지 말자. 마지막으로 다섯째, 밖에서는 예의 바르게 행동하자. 이 규칙을 지키면 아이큐가 더 높아질 것이다. 지호는 미래에 과학자가 될 것이다. 그리고 엄마가 화내지 않게 할 것이다. - 1학년 유지호

엄마의 댓글: 우리 지호가 스스로 이런 생각을 하다니 대견하다. 꼭 지켜 주었으면 좋겠구나. 네 꿈에 가까이 가려면 더 많은 노력과 생각이 필요하단다. 일기가 그 바탕이 되었으면 좋겠구나.
사랑하는 지호야. 지금도 잘하고 있지만, 서두르지 않고 정성껏 수업에 참여하면 좋겠구나. 스스로 하는 우리 지호 많이 칭찬하고 사랑한다.

많은 내용을 담지 않아도 된다. 아이들은 잘 크고 있다고 얘기해 주는 것만으로도 큰 위로를 받고, 그 힘으로 더 열심히 써 나간다.

초등학교 1, 2학년 때는 엄마의 힘으로 공부하는 아이들이 많다. 하지만 글쓰기로 소통하는 것은 아이에게 독립적인 힘을

기르게 해 주는 최고의 방법이다. 요즘 많은 아이들이 글쓰기 공부를 하고 있다. 하지만 오직 글쓰기만 잘하는 아이는 없다. '글쓰기도 잘하는 아이'가 있을 뿐이다.

글쓰기는 깊이 있고 넓게 공부하는 데 중요한 밑거름이 된다. 그러기 위해 필요한 것은 부모와 함께 쓰는 것이다.

아이의 일기장에 댓글 쓸 때 유용한 팁

1. 아이의 글을 자세히 읽고 구체적으로 칭찬하기

- "오늘 아픈 친구를 양호실에 데려다주었다니 우리 예준이 멋진데."
- "책을 5권이나 읽었다고? 그중 『후회의 이불킥』은 엄마(아빠)도 너무 읽어 보고 싶다. 자기 전에 줄거리 살짝 말해 줄래?"
- "시험이 어려워서 진짜 속상했겠다. 하지만 열심히 준비하는 모습 보여줘서 고마워!"

2. 띄어쓰기와 맞춤법은 두 개만 고쳐주기

3. 질문을 던져 아이의 생각 확장시키기

- "오늘 공원에서 놀 때 어떤 놀이가 제일 재미있었어? 왜 그렇게 느꼈는지 궁금해."
- "친구와 싸워서 속상했겠다. 그치? 근데 다음에는 어떻게 하면 더 좋을지 생각해 봤어?"

서론 쓰기의 굴레에서 벗어나라

글쓰기를 하다 보면 서론 쓰기에서 막히는 경우가 많다. 창의적인 서론을 쓰는 것이 이상적이지만, 이를 어려워하는 친구들에게는 네 가지 서론 쓰기 방식이 도움이 될 수 있다.

- 표지와 제목에서 느낀 첫인상
- 독자에게 던지는 질문
- 자신의 경험
- 솔직한 고백

가장 많이 쓰는 방법은 겉표지와 제목을 보고 느낀 감정과 읽고 난 후의 감정을 교차해서 적는 것이다.

예를 들면 『책과 노니는 집』(이영서, 문학동네)의 겉표지와 분위기를 보고 느꼈던 감정과, 다 읽은 후의 감정을 교차해서 적어보면 된다. "읽기 전에는 어두운 표지가 무섭게 느껴졌는데, 읽고 나니 ○○○○(구체적 이야기나 감정)이라는 것을 알게 되었다."와 같이 써볼 수 있다.

아래는 『책과 노니는 집』을 읽고 아이들이 직접 쓴 서론 예시이다.

> "오늘 무엇을 읽을까 고민하다 우연히 『책과 노니는 집』이 눈에 들어왔다. 책을 훑어보니 한 장면이 마음에 깊이 남아 단숨에 읽었다."
>
> \- 5학년 최무현

무현이는 자신의 실제 경험을 서론에 담았다. 집에서 우연히 책을 발견하고, 처음엔 읽을 생각이 없었지만 몇 장 넘겨본 후에 읽고 싶은 마음이 들었다고 한다.

경험을 바탕으로 한 서론 쓰기는 아이들에게 다소 어려울 수 있다. 왜냐하면 대부분의 경우, 책을 읽는 이유가 부모님의 권유나 학교 숙제이기 때문이다. 그래서 때로는 서론에 상상력이 필요하다.

> "『책과 노니는 집』이라는 제목을 보고 어떤 이야기일지 궁금해졌다. 평소에 책은 지루하고 재미없는 것이라고 생각했지만,

이 책의 제목은 신선하게 다가와 읽게 되었다." - 5학년 최아현

아현이는 궁금증을 바탕으로 서론을 시작했다. 평소에 책에 대해 가지고 있던 생각과 제목이 주는 느낌을 결합하여, 왜 이 책을 읽게 되었는지 명확히 밝혔다.

"『책과 노니는 집』이라는 제목을 보고 시집일 것이라 생각했다. 그러나 읽어 보니 흥미로운 이야기와 함께 역사를 배울 수 있는 책이었다." - 5학년 정유진

유진이는 제목에서 느낀 첫인상을 서론에 담았다. 처음에는 시집으로 오해했지만, 읽으면서 새로운 사실을 발견한 경험을 적었다.

"처음 『책과 노니는 집』을 봤을 때, 책을 좋아하는 아이가 주인공일 거라고 생각했다. 그러나 이 책은 주인공 장이의 시선으로 그의 삶을 이야기하고 있었다." - 5학년 이한별

한별이는 책의 표지에서 받은 인상을 바탕으로 서론을 썼다. 또한 책의 내용을 간략하게 소개하면서 독자의 호기심을 자극했다.

"처음 『책과 노니는 집』 표지를 보고 무서운 생각이 들었다. 어둡고 으스스한 분위기가 공포스러움을 느끼게 했기 때문이다. 하지만 내 생각과는 다르게 슬픈 이야기였다. - 5학년 김도윤

도윤이는 표지에서 느낀 감정을 서론에 담았고, 책을 읽고 나서 변화된 감정까지 표현했다.

따라 하면 쉬워지는 서론 쓰기 방법

1. 겉표지와 제목으로 서론 쓰기

책의 첫인상은 표지와 제목에서 시작된다. 표지와 제목을 보고 느낀 감정을 바탕으로 서론을 작성할 수 있다.

예시

- "『어린 왕자』라는 책의 표지를 보니 작은 왕자가 별과 장미꽃과 함께 그려져 있다. 이걸 보니 주인공이 어린 왕자라는 걸 금방 알 수 있었다. 어떤 이야기가 담겨 있을지 궁금해서 단숨에 읽게 되었다."
- "어린 왕자가 그려진 표지를 보니 처음엔 어린 공주가 떠올랐다. 하지만 책을 읽어 보니 어린 왕자가 다양한 행성을 여행하며 이상한 어른들을 만나는 이야기였다."

2. 질문으로 서론 쓰기

질문을 던지는 방식은 호기심을 자극하는 좋은 방법이다. 책을 읽으면서 가졌던 궁금증을 서론에 담아 쓸 수 있다.

예시

- "'어린 왕자' 하면 어떤 이야기가 떠오를까? 나는 별과 우주에 관심이

많아서 『어린 왕자』라는 책을 골랐다. 이 책이 왜 그렇게 많이 알려졌는지 궁금해서 읽게 되었다."

3. 경험으로 서론 쓰기

자신의 경험을 바탕으로 서론을 쓰면 글에 생동감을 더할 수 있고, 경험을 통해 책과의 연결 고리를 만들 수 있다.

예시

- "얼마 전에 '어린 왕자' 뮤지컬을 봤다. 어린 왕자가 다양한 별을 여행하는 이야기를 보고 있으니 마치 내가 어린 왕자가 된 것 같은 기분이 들었다. 그래서 이 책이 읽고 싶어졌다."

4. 고백으로 서론 쓰기

솔직한 감정을 고백하는 방식으로 서론을 쓰면 독자에게 진솔함을 전달할 수 있다.

예시

- "솔직히 나는 책 읽는 걸 별로 좋아하지 않는다. 재미없고 지루한 일이라고 생각했기 때문이다. 그런데 우연히 『어린 왕자』의 한 부분을 보게 되었다. 신기하고 인상 깊었다. 어린 왕자가 별에서 배운 것들이 알고 싶어져 읽게 되었다."

똑같은 하루, 다르게 보는 글쓰기

같은 하루를 보내도 아이들마다 느끼고 생각하는 것이 다르다. 따라서 모든 아이들이 같은 경험을 했다고 해서 같은 이야기를 쓸 수 있는 것은 아니다.

"오늘 학교에서 뭐 했어?"라는 질문에 많은 학생들이 "별일 없었어요."라고 답하지만, 그 대답 속에는 각자의 마음속에 쌓인 수많은 글감이 숨겨져 있다. 겉으로는 모두가 비슷한 하루를 보내는 것처럼 보이지만, 내면을 들여다보면 전혀 다른 감정과 생각이 존재한다.

6학년 우진이네 반 친구들은 같은 교실에서 같은 선생님의 수업을 듣지만, 그들 각자가 느끼는 감정은 서로 다르다. 우진이는 수학 시간에 복잡한 문제를 풀며 즐거움을 느끼지만, 다른 친구는 같은 문제를 보며 지루함을 느낀다. 이처럼 같은 경험을 했다고 해서 같은 이야기가 나오지 않는다.

점심시간도 예외는 아니다. 윤지는 점심시간을 즐긴다. 친구들과 함께 식사 후 보드게임을 하며 휴식을 취하는 시간을 좋아한다. 반면, 다른 친구는 식욕이 없어 점심시간이 그리 즐겁지 않다. 또 다른 친구는 어제 본 드라마 이야기를 하느라 바쁘다. 이처럼 평범한 일상 속에서도 각자의 하루는 각기 다른 이야기로 채워진다.

"얘들아, 오늘은 특별한 미션을 하나 줄게. 하루 동안 특정한 색깔과 모양에 집중해 주변을 살펴보는 거야. 이번 주는 빨간색 물건을 집중적으로 찾아서 기록해 보자."

일주일이 지나 다시 수업 시간이 되자, 아이들은 빨간색에 대해서 말하기 시작했다. 빨간 지우개, 친구의 빨간 티셔츠, 엄마의 빨간 손톱, 교실 창문에 걸린 빨간빛 등 다양한 빨간색을 기록해 왔다.

이 외에도 소리에 집중하기, 100년 후의 학교를 상상하기, 사물이나 동물을 사람처럼 상상하기 등 다양한 방법으로 주변을 새롭게 바라보는 연습을 하면 글감을 풍부하게 수집할 수 있다.

똑같은 하루를 다르게 보는 신박한 방법

1. 시간 여행자 시점으로 쓰기

하루를 시간 여행자의 시각에서 바라본다.

예를 들어, "나는 100년 후에서 온 시간 여행자야. 오늘 학교에서 본 것들을 미래에서 돌아보았을 때 어떻게 보일까?" 이렇게 상상해서 글을 쓰면, 평범한 일상이 새로운 시각으로 변할 수 있다.

2. 물건의 시각에서 이야기하기

주변의 물건들이나 동물들의 시각에서 하루를 써본다.

예를 들어, 교실의 책상이나 학교의 화분이 하루 동안 어떤 일을 경험했는지 이야기해 본다. "내가 학교의 책상이라면, 오늘 수업 중 학생들이 어떤 행동을 했는지 이렇게 지켜봤을 거야."와 같이 글을 써보면 재밌게 글쓰기를 할 수 있다.

3. 상황 반전시키기

일상적인 상황을 반전시켜서 글을 써본다.

예를 들어, "수업 시간에 학생이 선생님이 되는 상황을 상상해 본다." 또는 "등굣길이 하굣길이 되는 순간!" 같은 식으로 상황을 반전시키면 신선하고 재미있는 글이 될 수 있다.

주간학습안내를 활용한 교과 글쓰기

많은 아이들이 학교에서 경험한 일에 대해서 쓰는 걸 어려워한다. 하지만 주간학습안내를 활용하면 학교에서의 다양한 활동과 학습 내용을 글감으로 얻을 수 있다.

학교에서는 학년마다 교과 과정에 따라 다양한 과목을 배운다. 이 과정은 매주 발송되는 주간학습안내에 꼼꼼하게 정리되어 있다. 안내장을 통해 그 주에 배울 과목과 단원명, 학습 내용, 쪽수와 차시, 그리고 예정된 행사나 동아리 활동 등을 확인할 수 있다. 이 자료는 사실상 아이들이 한 주 동안 학교에서 경험하는 모든 활동을 요약한 것이며, 이를 통해 학교에서의 다양한 글감들을 찾아낼 수 있다. 특히 교과 글쓰기에 유용하게 활용할 수 있다.

아인이는 이번 주 도덕 시간에 '일상생활에서 지켜야 할 예절'에 대해 배웠다. 부모님은 다음과 같은 질문을 통해 아이가 배운 내용을 자연스럽게 떠올리게 하고, 그것을 글로 표현할 수 있게 도와줄 수 있다.

"오늘 도덕 수업에서 어떤 예절을 배웠니?"
"그 예절을 지켜야 하는 상황은 어떤 것들이 있니?"
"수업에서 배운 예절 중에서 가장 중요하다고 생각하는 것은 무엇이니?"

이러한 질문들은 아이가 수업에서 배운 내용을 정리하고, 자신의 생각을 글로 표현할 수 있게 도와준다. 고학년 학생들은 이러한 질문을 바탕으로 독립적으로 글쓰기를 시도할 수 있으며, 자신이 이해한 내용을 체계적으로 정리하고 표현하는 연습을 할 수 있다.

저학년들은 녹음 기능을 활용하여 자신이 말한 내용을 텍스트로 변환해 주는 앱을 사용할 수 있다. 이렇게 하면 아이의 생각을 정확하게 기록하고 글로 정리하는 데 큰 도움이 된다.

이 방법은 국어, 수학, 과학, 사회, 도덕 등 모든 과목에 쉽게 적용될 수 있다. 예를 들어, 수학 시간에 배운 문제 해결 과정이나, 과학 시간에 실험 결과를 정리하는 것도 좋은 글감이 된다. 사회 시간에는 역사적인 사건이나 인물에 대한 감상을, 국어 시간에는 읽은 책의 내용을 요약하거나 자신의 생각을 표현하는 것도 좋은 방법이다.

주간학습안내를 적극 활용하여 글쓰기를 하면, 단순히 학습 내용을 이해하는 것을 넘어, 그 내용을 자신만의 방식으로 표현하는 능력을 기를 수 있다. 이러한 글쓰기 활동은 아이들에게 일상의 특별함을 발견하고, 자신이 생각한 바를 글로 정리하는 좋은 훈련이 될 것이다.

‘주간학습안내’를 활용한 교과 글쓰기 방법

1. 과목 및 단원 선택하기

주간학습안내에서 교과 글쓰기를 할 과목을 선택한다. 선택한 과목의 단원명과 학습 내용을 확인한다.

2. 학습 내용에 대해 구체적인 질문하기

아이가 수업 시간에 배운 내용을 바탕으로 구체적인 질문을 한다.

예시

- “오늘 아인이가 도덕 시간에 일상생활에서 지켜야 할 예절에 대해서 배웠구나. 일상생활에서 지켜야 할 예절은 무엇이 있었어?”
- “수업에서 배운 예절 중에서 가장 중요하다고 생각하는 건 뭐야?”

3. 아이의 답변 텍스트화하기(저학년인 경우)

아이가 대답하는 내용을 적거나 녹음한다. 녹음한 내용을 글로 옮기기 위해 문장으로 만들어주는 앱을 활용할 수 있다. 이는 아이의 생각과 표현을 정확하게 기록하는 데 도움이 된다.

4. 글로 표현하기

아이가 이야기한 내용을 바탕으로 글쓰기의 주제를 설정한다.

예시

- ‘일상생활에서 지켜야 할 예절’의 질문에 대답한 내용이나 녹음한 내용을 활용하여 글로 표현한다.
- ‘서론 - 본론 - 결론’의 형태로, 배운 내용을 요약하고 자신의 의견이나 경험을 포함하도록 도와준다.

'뒷이야기 쓰기'는 아이들의 상상력을 자극한다

"여러분, 오늘 함께 이야기 나눌 책 제목이 뭐죠?"

"『날마다 만 원이 생긴다면』이요."

"여러분은 날마다 만 원이 생긴다면 무엇을 하고 싶어요?"

"매일 마라탕을 먹고 싶어요."

"문방구에 가서 예쁜 필통을 사고 싶어요."

『날마다 만 원이 생긴다면』(조은진, 별숲)은 친구의 생일 파티에 초대된 주인공이 선물 살 돈이 없어 고민하는 장면으로 시작한다. 학교에 도착한 주인공은 가방에서 오만 원을 꺼내며 거들먹거리는 승범이가 부럽기도 하고, 조금은 미워지기도 한다. 생일 파티에 갈 수 없게 된 주인공은 집으로 돌아가는 길에 족자를 선물로 받게 된다. 그 족자에서 나온 아이는 주인공에게 만 원을 주며, 친구의 생일 파티에 갈 수 있도록 도와 준다.

이 족자에서 나온 아이는 과연 어디서 만 원을 가져오는 걸까?

아이들은 있었던 일을 생각하거나 내용을 정리하는 것보다 자유롭게 상상하여 뒷이야기 쓰는 것을 좋아한다. 오늘은 책을 끝까지 읽지 않고, 각자 상상력을 발휘해 뒷이야기를 써보기로 했다.

아이들에게 '만 원, 과거, 거짓말'이라는 세 단어를 주고 뒤에 이어질 이야기를 상상해서 쓰게 했다.

주인공은 족자에서 나온 아이가 준 만 원을 처음엔 기쁘게 받았다. 그러나 생일 파티에 가는 길에, 그 돈이 점점 이상하게 느껴졌다.

'이 돈이 정말 진짜일까? 혹시 이 돈 때문에 문제가 생기진 않을까?'라는 불안한 생각이 머릿속을 떠나지 않았다. 결국 생일 파티에 가기 위해 그 돈으로 선물을 샀지만, 갑자기 경찰이 나타나 주인공을 붙잡고 물었다. "이 돈, 어디서 났니? 이 돈은 도난당한 돈이야."

놀란 주인공은 족자에서 나온 아이의 이야기를 했다. 경찰은 믿지 않았다. 그날 밤, 주인공은 어떤 돈이든 주인이 있고, 분실된 돈을 함부로 가져서는 안 된다는 것을 깨달았다.

또 다른 방법으로는 주인공이 "이 돈은 과거에서 온 거야. 하지만 절대 말하면 안 돼."라는 아이의 말을 믿고 생일 파티에 가는 이야기를 쓸 수도 있다. 주인공은 그 돈의 출처에 대해 의심을 품지만, 비밀을 지키며 돈을 사용했고, 그날 밤, 돈의 진실을 궁금해하며 잠을 이루지 못했다.

혹은, 주인공이 그 돈으로 친구의 선물을 산 후, 갑자기 손에 이상한 반점이 생기고, 점점 손이 돌처럼 굳어가는 이야기를 상상할 수도 있다. 주인공은 족자에서 나온 아이를 찾으려 하지만, 이미 아이는 사라지고 없었다. 주인공은 결국 이 돈이 단순한 행운이 아니었음을 깨닫고, 쉽게 얻은 돈이 결코 좋은 결과를 가져오지 않는다는 교훈을 얻는다.

책을 끝까지 읽지 않고 상상하며 쓰기를 하면 원래 이야기와 자신이 상상한 이야기를 비교해 볼 수 있어 흥미롭게 글쓰기를 할 수 있다.

뒷이야기를 상상해서 쓰는 다양한 방법

1. 새로운 등장인물 추가하여 쓰기

기존 이야기 속에 새로운 등장인물을 추가하여 이야기를 이어가면 된다. "그 순간"을 사용해 새로운 인물을 등장시키거나, 새로운 장소로 이동할 수 있다.

2. 단어 제시하여 뒷이야기 이어가기

몇 가지 단어를 제시하고, 그 단어들을 포함하여 뒷이야기를 이어가면 된다.

예시 '호수', '비밀', '깃털'을 포함해 이야기를 이어간다.

3. 반전의 결말 만들어 이어가기

예상하지 못할 반전의 결말로 이야기를 이어간다. "사실 모든 것이 꿈이었다.", "마지막 순간, 모든 진실이 드러났다."와 같은 결말을 만들면 된다.

글쓰기를 성장시키는 문장 완성 놀이

"병아리~."

"삐약삐약."

아이들은 병아리라는 소리에 자동으로 '삐약삐약'을 외친다. '문장 완성 놀이'는 바로 이 방법을 변형한 글쓰기 방법이다. 문장 완성 놀이는 아이들에게 '생각'을 하게 해 준다. 앞 문장을 얘기하면 무엇이든 말하기 위해 생각을 하기 때문이다. 글쓰기를 하기 위해서는 생각을 많이 하는 연습이 필요한데 이는 문장 완성 놀이를 통해 기를 수 있다.

문장 완성 놀이는 창의적 사고를 할 수 있도록 만들어주고, 문장 구성 능력을 개선하는 데 효과적이며, 자기표현을 할 수 있도록 돕는다. 우리는 다양한 주제를 가지고 문장 완성 놀이를 할 수 있다.

〈**문장 완성 놀이 예시**〉

시작 문장: "오늘 학교에서 가장 재미있었던 일은…"
완성 예시: "오늘 학교에서 가장 재미있었던 일은 친구들과 함께 숨바꼭질을 한 것이었다."

시작 문장: "만약 내가 날 수 있다면, 나는…"
완성 예시: "만약 내가 날 수 있다면, 나는 하늘을 자유롭게 여행하며 구름 위에서 친구들을 만나고 싶다."

시작 문장: "우리 가족은 매주 일요일에…"
완성 예시: "우리 가족은 매주 일요일에 공원에 가서 산책을 하며 즐거운 시간을 보낸다."

시작 문장: "내가 가장 좋아하는 취미는…"
완성 예시: "내가 가장 좋아하는 취미는 그림 그리기인데, 특히 동물 그리기를 좋아한다."

시작 문장: "내 상상 속 친구는 매일…"
완성 예시: "내 상상 속 친구는 매일 나와 함께 모험을 떠나고, 신기한 나라에서 다양한 동물들과 이야기를 나눈다."

아이들이 좋아하는 독후 활동 BEST 5

1. 시화 짓기

짧고 간결한 시와 그림을 통해 독서 후 감상을 표현할 수 있다.

예시 읽은 책의 주제나 인상 깊은 장면을 담은 짧은 시를 작성하고 여백에 그림을 그려 나타낼 수 있다. (그림이 주가 되어서는 안 된다)

2. 네 컷 만화 그리기

이야기의 주요 장면을 네 컷 만화로 그려 책의 내용을 시각적으로 표현할 수 있다.

예시 책에서 가장 기억에 남는 장면이나 재미있는 사건을 네 컷 만화로 그리고 간단한 대화나 문장을 추가할 수 있다. (말풍선이나 스티커를 활용할 수 있다)

3. 문장 찾으며 줄거리 완성하기

책에서 중요한 문장을 찾아서 이야기의 줄거리를 완성하는 활동이다.

예시 중요한 문장들을 찾아 포스트잇이나 종이에 적은 후 줄거리를 완성할 수 있다.

4. 자음 빙고 리스트 놀이

자음으로 시작하는 단어를 찾고, 빙고 게임 형식으로 즐길 수 있는 활동이다.

예시 주제를 정해 이야기를 나눈 후 단어를 찾고, 자음 빙고 리스트를 채워 짧은 글짓기를 할 수 있다. (빙고가 완성되면 작은 선물을 주는 것도 좋다)

5. 문장 완성 놀이

주어진 문장의 시작 부분을 듣고 문장을 만드는 활동이다.

예시 "오늘 책 속의 주인공이…"로 시작하는 문장을 보고, 자신의 상상력을 발휘하여 문장을 완성할 수 있다.

맞춤법, 띄어쓰기가 저절로 되는 원고지 쓰기

"오늘은 원고지에 독후감을 써보는 시간을 가져볼게요."

"선생님, 원고지가 뭐예요?"

200자 원고지와 1000자 원고지를 꺼내자 예준이와 윤지는 눈을 동그랗게 뜨고 나를 쳐다본다.

"그렇게 많이 써야 하나요?"

"얘들아, 이게 많아 보이지만, 너희들이 A4 지에 쓴 내용을 원고지로 옮기면 많지 않다는 것을 알게 될 거야."

원고지를 쓰는 이유는 간단하다. 많은 친구들이 맞춤법과 띄어쓰기를 어려워하는데, 원고지를 사용하면 자연스럽게 교정되기 때문이다. 실제로, 글을 잘 쓰지만 띄어쓰기를 잘 못하던 친구가 원고지를 사용하면서 점차 개선되는 모습을 본 적이 있다. 저학년일 경우, 줄이 없는 노트나 활동지에 글을 쓰면 문장이 위로 올라가거나 아래로 내려가면서 삐뚤삐뚤해지기 쉽다. 이때 원고지를 사용하면 글자의 모양이 예뻐지고, 가지런하게 쓰게 되어 글자 쓰기 연습에도 많은 도움이 된다.

원고지를 쓰는 방법은 간단하다.

원고지를 쓸 때 가장 먼저 해야 할 일은 글의 종류, 제목 및 부제와 학년, 이름 등을 쓰는 것이다.

첫 번째 줄에는 글의 종류를 쓴다.

독후감, 일기, 동시 등.

〈	독	후	감	〉															

두 번째 줄에는 제목을 적는다.

중간에 적어 주면 된다. 제목에는 마침표를 쓰지 않는다.

〈	독	후	감	〉															
							어	린		왕	자								

세 번째 줄은 비워 두고, 네 번째 줄 뒤에 두 칸을 비우고 소속을 쓴다.

〈	독	후	감	〉															
							어	린		왕	자								
											아	라		초	등	학	교		

〈	독	후	감	〉															
							어	린		왕	자								
											아	라		초	등	학	교		
											4	학	년		김	도	준		

다섯 번째 줄은 뒤에 두 칸을 비우고 학년과 이름을 쓴다.

여섯 번째 줄은 비워 둔다.

일곱 번째 줄부터 본문을 쓰면 된다. 독후감의 경우 서론 쓰기를 하는데 이 때는 첫 번째 칸을 비우고 시작한다.

(원고지는 단락이 나누어질 때를 제외하고는 첫 칸을 비우지 않는다)

'원고지 쓰기' 이것만 알면 쉽다

1. 한글, 영어 대문자는 한 칸에 한 글자, 소문자와 숫자는 한 칸에 두 글자씩 쓴다.

	원	고	지	,	S	K	Y	,	sk	y	,	20	24	년					

2. 문단을 나눌 때만 첫 칸을 비우고 그 외에는 모두 채워서 쓴다.

	첫		문	장	은		표	지	나		제	목	을		보	고		쓰	면
쉽	게		완	성	할		수		있	습	니	다	.						
	문	단	을		나	눌		때	만		첫		칸	을		비	웁	니	다.

3. 따옴표가 있는 문장은 끝까지 첫 칸을 비우고 쓴다.

	"	따	옴	표	가		있	는		문	장	은		끝	까	지		첫	
	칸	을		비	우	고		쓰	나	요	?	"							

놀면서 자료도 모으는 자음 빙고 리스트

빙고판을 꺼내자 아이들의 얼굴이 환해졌다. '자음 빙고 리스트'는 주제와 관련된 단어를 자음이 적힌 칸에 채워 넣고, 짧은 글짓기를 하는 놀이다. 빙고판에 단어를 적고, 차례가 되면 원하는 칸에 있는 단어를 넣어 짧은 글을 지으면 된다.

자음 빙고판을 아무것도 없이 채우는 것은 시간이 많이 걸리기 때문에, 주제와 관련된 이야기를 나눈 후 관련 단어를 아이들과 함께 칠판에 적었다. 이제 칠판의 단어와 아이들이 알고 있는 단어를 활용하여 빈칸에 제시된 자음으로 시작하는 단어를 채우면 된다.

ㄱ,ㄲ	ㄴ	ㄷ,ㄸ	ㄹ
ㅇ	ㅅ,ㅆ	ㅂ,ㅃ	ㅁ
ㅈ	ㅊ	ㅋ	ㅌ
		ㅎ	ㅍ
새롭게 알게 된 단어			

오늘은 『하루 10분 초등신문』(오현선, 서사원주니어)의 '다시 종이책이다'라는 주제로 이야기를 나누었다. 아이들에게 신문 기사 내용을 읽어주고, 생각나는 단어를 자유롭게 말하게 했다.

종이책, 스마트폰, 집중력, 상상력, 공부, 그림, 독서록, 책 표지 등 다양한 단어들이 나왔다. 아이들은 이 단어들을 활용해 자음 빙고판을 채웠다. 스마트폰 대신 국어사전을 준비해 단어를 찾아보게 했다. 자음 빙고판 채우기는 어휘력을 높이고 주제에 대한 지식을 쌓는 데 도움이 되며, 저학년부터 고학년까지 모두 활용할 수 있는 놀이다.

다음은 아이들이 '다시 종이책이다'라는 주제로 자음 빙고 리스트를 채운 것이다. 가끔 엉뚱한 단어를 넣기도 하지만, 단어를 생각하고 문장을 만드는 과정에서 어휘력이 확장되고, 글을 쓰는 능력도 향상된다. 또한, 단어를 가지고 문장을 만들다 보면 자신이 가지고 있는 지식들을 자연스럽게 활용하게 된다.

ㄱ,ㄲ 그림, 국어사전, 공부	ㄴ 낭독	ㄷ,ㄸ 독서록, 단어	ㄹ 리뷰
ㅇ 어휘력, 인쇄	ㅅ,ㅆ 스마트폰, 상상력, 신문	ㅂ,ㅃ 빙고칸, 발췌	ㅁ 문장
ㅈ 집중력	ㅊ 책, 책표지	ㅋ 카드, 키워드	ㅌ 틀린 글자
		ㅎ 하루, 한글	ㅍ 표현, 편집
새롭게 알게 된 단어	편집	발췌	

자음 빙고 리스트 활용하는 방법

1. 자음 빙고 리스트 준비하기

- 빈 칸을 만들어 ㄱ부터 ㅎ까지의 자음을 적어 넣는다.

2. 주제 정하고 이야기 나누기

- 이야기할 주제를 정하고, 자유롭게 의견을 나눈다.
- 신문 기사나 흥미로운 주제를 활용하면 더욱 좋다.

3. 주제와 관련된 단어 모으기

- 주제와 관련된 단어들을 칠판이나 포스트잇에 적는다.
- 다양한 의견을 반영하여 단어 목록을 풍성하게 만들면 활용하기 좋다.

4. 자음 빙고 리스트 채우기

- 이미 모아둔 단어들과 새로운 단어들을 활용해 자음 빙고 리스트를 채운다.

5. 문장 만들기 & 빙고 게임

- 자음 빙고 리스트에 있는 단어들을 사용해 문장을 만든다.
- 빙고 게임으로 활용해 즐겁게 학습한다.

집에서 만드는
하나뿐인 그림책

앤서니 브라운의 책을 읽다 보면 자연스럽게 그림 속 주인공의 표정에 집중하게 된다. 마찬가지로 아이들의 글과 그림에서도 그들의 감정을 엿볼 수 있다. 아이들이 쓴 글과 그림에는 그들의 마음이 고스란히 드러난다. 기분이 좋지 않은 날에는 주인공의 얼굴이 슬프게 표현되고, 기분이 좋은 날에는 주인공의 얼굴이 행복한 표정을 짓는다.

오늘은 아이들과 함께 책을 만드는 날이다. 평소에는 도화지를 접어 작은 종이책을 만들었지만, 오늘은 A4 용지를 반으로 잘라 10페이지 정도의 책을 만들기로 했다.

책의 내용은 자유롭게 정할 수 있지만, 어떤 이야기를 써야 할지 모르는 경우에는 이전에 읽었던 책을 새롭게 재창작해도 좋다. 아이들은 무엇인가를 오리고 붙이는 활동을 좋아한다. 어떤 아이는 상상한 내용을 글로 먼저 쓰고, 또 다른 아이는 그림부터 그린다.

아이들이 그림책을 따라 만들 수 있도록 아래에 '그림책 따라 만들기' 예시를 준비해 두었다. 아이와 함께 즐거운 상상을 하며, 예시 속 주인공과 배경을 바꾸어 자신만의 책을 만들어 보자.

그림책 따라 만들기

1. 이야기 구상하기

- 주제: 용감한 강아지 메론이가 친구들을 돕기 위해 숲속으로 모험을 떠나는 이야기.
- 주인공: 강아지 메론이.
- 줄거리: 메론이는 친구들의 문제를 해결하기 위해 숲속으로 떠난다. 어려움을 겪지만 친구들과 힘을 합쳐 문제를 해결하고 무사히 돌아온다.

2. 페이지 구성하고 이야기 쓰기

- 1페이지 : 메론이를 소개한다(메론이는 용감한 강아지다).
  글 : "메론이는 아주 용감한 강아지예요. 메론이는 매일 숲속에서 친구들과 놀아요."
  그림 : 강아지 메론이가 숲속에서 뛰어노는 모습을 그린다.

- 2페이지 : 메론이의 친구들이 도움을 요청해요.

글 : "어느 날, 친구들이 메론이에게 도움을 요청했어요. '메론아, 큰 문제가 생겼어!'"
그림 : 메론이에게 달려와 도움을 요청하는 친구들(토끼, 다람쥐).

- 3페이지 : 메론이가 숲속으로 떠나요.
  글 : "메론이는 주저하지 않고 친구들을 돕기 위해 숲속으로 떠났어요."
  그림 : 숲속으로 출발하는 메론이와 친구들.

- 4페이지 : 메론이가 첫 번째 어려움을 만나요(큰 나무가 길을 막고 있어요).
  글 : "길을 가던 중, 큰 나무가 메론이와 친구들의 앞을 막았어요. 어떻게 해야 할까요?"
  그림 : 큰 나무가 길을 막고 있는 장면.

- 5페이지 : 메론이가 친구들의 도움으로 나무를 넘어뜨려요.
  글 : "친구들이 힘을 합쳐 큰 나무를 밀어 넘어뜨렸어요. 메론이는 웃으며 '고마워!'라고 했어요."
  그림 : 친구들이 나무를 밀어서 넘어뜨리는 모습.

- 6페이지 : 두 번째 어려움을 만나요(강이 앞을 가로막고 있어요).
  글 : "조금 더 가니, 이번엔 넓은 강이 앞을 가로막았어요. '어떡하지?' 친구들이 물었어요."
  그림 : 넓은 강 앞에서 고민하는 메론이와 친구들.

- 7페이지 : 메론이와 친구들이 다리를 만들어 강을 건너요.
  글 : "메론이는 친구들과 함께 나무로 다리를 만들어 강을 건넜어요."
  그림 : 나무다리를 건너는 메론이와 친구들.

- 8페이지 : 마지막으로 큰 곰을 만나요.
  글 : "마지막으로 큰 곰이 나타났어요. 친구들은 겁을 먹었지만, 메론이는 용감하게 다가갔어요."

그림 : 메론이와 친구들이 큰 곰과 마주친 장면.

- 9페이지 : 메론이와 친구들이 용기를 내어 곰에게 말을 걸고 친구가 돼요.
  글 : "메론이는 곰에게 말을 걸었고, 곰은 친절하게 웃으며 친구가 되자고 했어요."
  그림 : 메론이와 곰이 친구가 되는 모습.

- 10페이지 : 메론이와 친구들이 무사히 집으로 돌아와요.
  글 : "힘든 문제를 해결한 메론이와 친구들은 무사히 집으로 돌아왔어요. 모두가 메론이에게 '고마워!' 하고 말했어요."
  그림 : 집으로 돌아와 친구들과 즐거워하는 메론이.

3. 페이지 꾸미기

- 글과 그림 배치 : 그림을 페이지 위쪽에, 글은 아래쪽에 배치한다.
- 꾸미기 : 페이지마다 작은 꽃이나 나뭇잎을 그려 넣거나, 스티커를 붙여 꾸민다.

4. 책 만들기

- 순서대로 배치 : 페이지를 1에서 10까지 순서대로 정리한다.
- 간단 제본 : 스테이플러로 한쪽을 찍거나, 테이프로 연결해서 책을 만든다.

5. 표지 만들기

- 제목 : "용감한 강아지 메론이의 모험".
- 그림 : 메론이가 웃고 있는 모습, 숲을 배경으로 그려본다.

6. 자랑하기

- 가족이나 친구들에게 완성된 그림책을 읽어주고, 함께 이야기를 나눈다.

4장

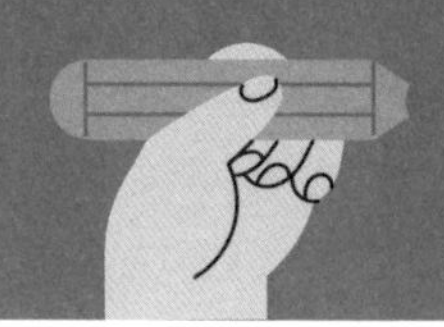

쓰기를 멈추게 하는 부모의 말. 말. 말.

맞춤법, 띄어쓰기보다 중요한 건 '스토리'

1학년에 처음 입학하면 받아쓰기를 한다. 많은 아이들이 받아쓰기 공포에 시달리는데, 너무 강박적으로 맞춤법과 띄어쓰기를 배운 아이들은 글쓰기에 두려움을 느낀다. 아이들은 5, 6세쯤 한글을 배우고, 학교에 들어가서는 받아쓰기를 통해 정확한 맞춤법의 세상을 맞이한다. 100점을 맞지 않으면 도태되는 것 같은 기분은 첫 아이를 키우는 엄마라면 누구라도 느낄 것이다.

3학년 친구 상담을 갔을 때, 한 줄 쓰기도 어려워하는 친구를 만났다. 엄마는 매번 아이에게 맞춤법과 띄어쓰기를 강조했다. 그 결과, 아이는 글을 쓸 때마다 이렇게 말했다.

"선생님, 이거 맞아요?"

실수가 두려워서 한 문장을 쓰면서도 몇 번이고 맞는지 확인을 하다 보니 어느 순간 손이 멈춰있었다. 글쓰기의 재미를 느끼기에 앞서 잘못된 것을 지적받는 것에 대한 두려움이 있었다. 아이에게는 글의 내용보다 맞춤법이 부담으로 작용했던 것이다.

이러한 상황에서 중요한 것은 스토리, 즉 '내용'이다. 글을 쓸 때 맞춤법과 띄어쓰기도 중요하지만, 처음 글쓰기를 시작할 때는 그보다 자신이 표현하고 싶은 이야기를 자유롭게 쓰도록 격려하는 것이 필요하다. 내가 생각한 것을 자유롭게 쓸 수 있다는 자신감이 더 중요하다는 것이다. 맞춤법과 띄어쓰기는 나중에 교정할 수 있지만, 글쓰기에 대한 흥미는 한 번 잃으면 되찾기가 어렵다. 이때 부모는 아이가 어떤 이야기를 쓰고 싶어 하는지 귀를 기울이고, 그 내용을 존중해 줘야 한다.

예를 들어, 아이가 쓴 글에서 맞춤법이 틀렸더라도 내용이 재미있고 창의적이라면 그 부분을 칭찬해 주어야 한다. "이야기가 정말 흥미진진하네! 정말 멋진 상상을 했구나!"라는 긍정적인 피드백을 주며, 맞춤법과 띄어쓰기는 글을 다 쓴 후에 차근차근 수정하도록 도와주는 것이 좋다.

또한, 글쓰기 환경을 편안하게 만들어주는 것도 중요하다. 아이가 부담 없이 자신의 생각을 펼칠 수 있도록 자유로운 분위기를 조성해 주자. 글쓰기의 시작은 완벽함을 추구하는 것이 아니라 자신의 생각을 다양하고 정확하게 표현하는 데에 있다는 점을 부모도 명심해야 한다.

부모의 칭찬과 격려는 아이에게 큰 힘이 된다. "네 생각을 이렇게 잘 표현해 줘서 고마워!"라는 말 한마디가 아이에게는 큰 자신감을 줄 수 있다. 글을 쓰는 데 두려움을 느끼는 아이에게는 완벽함보다는 표현의 자유로움을, 결과보다는 과정을 즐길 수 있는 기회를 제공해야 한다.

아이가 글쓰기에 대한 두려움을 극복하고, 자신의 이야기를 자유롭게 표현할 수 있도록 돕는 것이 부모의 역할이다. 맞춤법과 띄어쓰기는 차차 익히게 되니, 아이가 글을 쓸 때 주저하지 않도록 스토리에 더 집중할 수 있도록 해야 한다. 글쓰기는 결국 자신의 생각을 표현하는 도구이므로, 그 본질을 잊지 않도록 함께 노력해야 한다.

신나는 글쓰기를 위한 맞춤법, 띄어쓰기 코칭 팁

1. 긍정적인 피드백 주기

아이가 쓴 글을 처음 볼 때는 맞춤법이나 띄어쓰기보다는 내용에 집중하여 칭찬한다. 예를 들어, "와, 오늘 있었던 일을 정말 생생하게 잘 썼구나!"라고 말해 준다. 이렇게 하면 아이는 자신감을 얻게 된다.

2. 맞춤법과 띄어쓰기는 나중에 교정하기

아이가 글을 다 쓴 후에 맞춤법과 띄어쓰기를 하나씩 교정해 준다. "여기 '놀아써'는 '놀았어'로 고쳐볼까?"라고 말하며, 수정하는 과정을 함께 한다.

3. 작은 목표 설정하기

맞춤법과 띄어쓰기를 한꺼번에 다 고치려 하지 말고, 하나씩 단계적으로 배워가게 한다. 오늘은 'ㅅ' 과 'ㅆ'의 구분을, 내일은 띄어쓰기를 집중적으로 연습하는 식으로 작은 목표를 설정해 준다.

4. 놀이를 통해 학습하기

글쓰기와 맞춤법 연습을 게임처럼 만들어 재미있게 한다. 예를 들어, 맞춤법 퀴즈를 내거나, 잘못된 문장 고치기 놀이를 통해 학습할 수 있다. 이렇게 하면 아이는 학습을 놀이로 받아들여 더 즐겁게 참여한다.

5. 스스로 교정의 기회 주기

아이가 쓴 글을 다시 읽어 보게 하고, 스스로 고칠 부분을 찾게 한다. "주은아, 여기 뭐가 좀 이상한 것 같아. 한번 찾아볼래?"라고 물어봐서 아이가 스스로 교정하는 습관을 들이게 한다. 스스로 고치며 자신감을 쌓게 된다.

아이들의 엉뚱방뚱한 글에는 다 이유가 있다

잘 쓴 글이란 무엇일까?

맞춤법, 띄어쓰기가 잘 된 글
스토리 연결이 잘 된 글
쉽게 읽히는 글

모두 잘 된 글이라고 할 수 있다. 하지만 아이들에게 잘 쓴 글을 고르라고 하면 저학년 친구들은 주저 없이 '재미있고 웃긴 글'을 고른다. 아이들은 문법에 상관없이 자신들을 즐겁게 하면 좋은 글이라 생각한다. 때로는 엉뚱하고 이해하기 어려운 내용도 아이들의 이야기를 듣다 보면 이해가 간다.

한 번은 『도서관에 간 외계인』(박미숙, 킨더랜드)이라는 책을 통해 '도서관'이라는 공간에서 할 수 있는 다양한 일에 대해서 알아보았다. 이 책은 '도서관'이라는 공간이 단지 책을 빌려주는 장소가 아닌, 사람들이 중심이 되어 움직이며 다양한 일들이 일어나는 곳이라는 메시지를 주고 있다. 지구에 도착한 외계인들과 도서관을 돌아다니며 구경하는 동안 아이들은 도서관에 어떤 공간이 있는지 알게 된다.

수업이 끝나고 '나만의 도서관 만들기'를 했다.

'한 번 들어가면 나오지 못하는 도서관'
'집 전체가 수영장으로 둘러싸여 있어서 책을 들고 수영을 하는 도서관'
'원래 도서관에서는 먹는 것이 허용되지 않는데 책을 보며 마음껏 먹는 도서관'

하지만 찬혁이는 외계인이 등장하고 집 안에서 우주 모험을 떠나는 이야기를 그리고 썼다. 우주 공간과 지구를 사다리로 연결하고 우주에 있는 외계인들의 집에서 먹거리를 가져오는 내용이었다. 지구와 우주를 오고 가는 동안 도서관 이야기는 한 번도 나오지 않았다. 찬혁이는 왜 도서관 대신 '우주'라는 엉뚱한 이야기를 그리고 썼을까?

"찬혁아, 이건 어떤 내용을 담고 있는 거야?"

가만히 있던 찬혁이가 이런 말을 해 주었다.

"선생님, 도서관 그린 건데요? 지금 도서관에서 책을 보고 있는 거예요."

찬혁이의 책은 그림 자체가 도서관이었다. 나는 너무 놀라 입을 다물 수 없었다. 아이들의 상상력에 다시 한번 감탄했다.

또 한 번은 아이가 학교에서 일어난 일을 아주 독특한 방식으로 쓴 적이 있었다. 선생님이 로봇으로 변신하고 친구들이 모두 동물로 변하는 내용이었다. 알고 보니 학교에서 친구와 싸운 일이 있었는데, 그 상황을 재밌게 바꾸어 쓴 글이었다. 아이는 글을 쓰며 자신의 감정을 풀어낸다.

아이들은 상상력이 넘친다. 그 상상력은 글에서 그대로 드러난다. 엉뚱해 보이는 글에도 그들만의 세계가 있고, 그 세계는 현실에서 겪은 감정과 경험이 녹아있기도 하다.

이런 글을 통해 부모는 아이들의 생각과 감정을 더 깊이 이해할 수 있다. 아이들의 창의력과 상상력은 무한하고, 때로는 그 엉뚱함 속에 중요한 메시지나 감정이 숨어있을 수도 있다. 그러므로 엉뚱한 글을 읽을 때도 우리는 그 속에 담긴 아이의 세계를 존중하고 격려해 주어야 한다.

아이의 글을 자세히 읽고 그 안에 담긴 이야기를 이해하려 노력해 보자. 그러면 아이와의 대화가 더 풍부해지고, 아이는 자신이 인정받는다는 느낌을 받게 될 것이다.

엉뚱한 글에 대응하는 슬기로운 자세

1. 긍정적으로 반응하기

"우주 모험 이야기를 읽으니 정말 재미있었어! 네 상상력은 정말 대단하구나!" 아이의 상상력을 인정하고 칭찬해 주면, 아이는 자신감을 얻고 계속해서 글을 쓰고 싶어 한다.

2. 호기심 보이기

"외계인 친구는 어떤 모습이니? 너만의 독특한 외계인 캐릭터를 더 설명해 줄래?" 아이의 글에 대한 관심을 표현하면, 아이는 자신의 이야기를 더 자세히 설명하고 싶어 한다.

3. 추가 질문하기

"이 이야기를 생각하게 된 계기는 뭐야? 어떤 생각을 하다가 이 이야기를 쓰게 되었니?" 아이가 글을 쓰게 된 배경을 알게 되면, 아이의 생각과 감정을 더 잘 이해할 수 있다.

4. 경험과 연결하기

"이 이야기를 읽으니 우리가 갔던 과학박물관이 떠오르네. 거기서 본 우주 전시도 멋있었지?" 아이의 글과 실제 경험을 연결 지어주면, 아이는 자신의 글이 더 의미 있다고 느낀다.

5. 놀이와 연계해서 활동하기

"이 이야기를 바탕으로 그림을 그리거나 만화로 만들어 보는 건 어때? 네 이야기가 더 생생해질 것 같아!" 글쓰기를 다른 창의적 활동과 연계하면, 아이는 글쓰기의 즐거움을 더 크게 느낄 수 있다. 4컷 만화나 북아트 만들기 등 재미있는 놀이를 이어주면 아이에게 글쓰기는 재미있는 놀이가 될 것이다.

글 완성보다 문장 완성!

아이들이 글을 쓰는 데 어려움을 겪는 일 중 하나가 일관되게 쓰는 것이다. 길게 쓰다 보면 주제에서 벗어날 때가 많은데 그 때 사용하는 방법 중 하나가 간단한 문장을 만들고, 주장과 근거를 연결하는 것이다.

주장과 근거에 대해서 명확하게 알게 되면 글을 쓰는 일이 좀 더 쉬워진다. 주장에 근거를 가지고 글을 쓰려면 아이들에게 "왜 그렇게 생각해?"라는 질문을 많이 하면 좋은데, 여기서 중요한 것은 구체적으로 물어보고, 구체적으로 대답할 수 있게 이끌어주는 것이다.

예를 들어, 아이가 "고양이가 개보다 더 좋다"고 주장한다면 다음과 같은 질문을 통해 구체적인 근거를 이끌어낼 수 있다.

예시 1

아이: "고양이가 개보다 더 좋아요."
부모: "왜 그렇게 생각하니?"
아이: "고양이는 더 조용해요."
부모: "고양이가 조용해서 무엇이 좋다고 생각하니?"
아이: "조용하면 공부할 때 방해가 되지 않아요."
부모: "그럼 공부할 때 방해가 되지 않는 것이 중요한 이유는 뭐라고 생각해?"
아이: "공부에 집중할 수 있어서 성적이 더 좋아질 수 있어요."

아이가 자신이 주장하는 바에 대해 구체적으로 생각하고 답할 수 있게 도와주면, 글을 쓸 때 더 명확하고 일관된 내용을 작성할 수 있다.

또 다른 예시를 살펴보자.

예시 2

아이: "운동을 매일 하는 것은 건강에 좋아요."
부모: "왜 그렇게 생각하니?"
아이: "운동을 하면 몸이 튼튼해져요."
부모: "몸이 튼튼해지는 것이 왜 중요할까?"
아이: "튼튼하면 병에 잘 걸리지 않아요."
부모: "병에 걸리지 않는 것이 왜 중요하다고 생각하니?"

아이: "병에 걸리지 않으면 학교도 빠지지 않고, 하고 싶은 일도 더 많이 할 수 있어요."

이렇게 구체적으로 질문을 하고, 아이가 스스로 답을 찾을 수 있게 이끌어주면 아이들은 자신의 주장을 더 깊이 생각하게 되고, 글을 쓸 때 더 풍부하고 논리적인 내용으로 작성할 수 있다.

아이들이 글쓰기를 잘할 수 있도록 돕기 위해서는 "왜 그렇게 생각해?"라는 질문을 중심으로 구체적으로 물어보고, 아이가 상세하게 답할 수 있게 유도하는 것이 중요하다.

한 편의 글을 완성하기 위해서는 한 문장을 완성해야 한다는 것을 기억하자.

문장 완성을 가르치는 다섯 가지 방법

1. 간단한 문장으로 시작하기

주어와 동사가 들어간 간단한 문장부터 시작한다.

예시 "고양이는 귀여워요."

2. 주제와 관련된 단어 사용하기

주제와 관련된 단어를 적고, 그 단어를 사용해 문장을 만든다.

예시 '고양이'라는 주제로 관련 단어들(털, 발톱, 야옹)을 사용해 "고양이는 부드러운 털이 있어요." 같은 문장을 작성하게 한다.

3. 문장 구조 패턴 연습하기

문장의 기본 구조를 반복적으로 연습하게 하여 문장 완성 능력을 기른다.

예시 "고양이는 높은 곳을 뛰어올라요.", "나는 높은 곳이 무서워요."와 같은 패턴을 반복적으로 연습한다.

4. 질문을 통해 문장 확장하기

여섯 가지 질문 법칙('누가', '무엇을?', '어디서?', '언제?', '어떻게', '왜?')을 이용하여 문장을 확장한다.

예시 "고양이가 놀아요."라는 문장에서 시작하여 "누가 놀아요? 고양이가", "어디서 놀아요? 마당에서", "언제 놀아요? 아침에"와 같은 질문을 통해 "고양이가 아침에 마당에서 놀아요."로 확장한다.

5. 문장 연결 연습하기

두 개 이상의 문장을 연결하여 긴 문장을 만드는 연습을 한다. "그리고, 하지만, 그래서" 등을 사용하여 문장을 연결하는 방법을 연습한다.

예시 "고양이는 뛰어요. 고양이는 나무에 올라요." 두 문장을 "고양이는 뛰어 나무에 올라요."로 연결하는 연습을 한다.

길게 쓴다고
모두 좋은 글은 아니다

"선생님, 길게 써야 하나요?"

"짧게 쓰면 안 되나요?"

같은 말이지만 아이들마다 하려는 말이 다르다. 어떤 친구는 글을 길게 쓰는 것이 어렵다고 하고, 또 다른 친구는 긴 글을 어떻게 줄일지 고민한다.

그렇다면 글을 길게 써야만 좋은 것일까? 사실 그렇지 않다. 길게 쓴다고 해서 좋은 글이 되는 것은 아니다.

긴 글이 필요한 때가 있고, 짧은 글이 필요한 때가 있다. 부가 설명이 필요하지 않다면 메시지처럼 짧게 주고받는 게 간결하고 이해하기 쉽다.

다음 예시를 보자.

주제 : 내가 가장 좋아하는 동물

예시 1 나는 강아지를 좋아한다. 우리 강아지 뭉치는 공놀이를 좋아한다.

예시 2 나는 강아지를 좋아한다. 강아지는 귀엽고, 털이 부드럽다. 우리 강아지 뭉치는 공놀이 하는 것을 좋아하는데 뭉치와 함께 시간을 보내는 것이 정말 즐겁다. 특히, 뭉치가 공을 물어올 때마다 꼬리를 흔들며 기뻐하는 모습을 보면 나도 행복해진다. 그래서 나는 강아지를 특히 좋아한다.

예시 1 짧고 간단해 이해하기 쉽지만, 부가 설명이 부족해 읽는 이가 감정을 공유하기 어렵다.

예시 2 강아지를 좋아하는 이유가 명확하게 나타나 있어 긴 글이지만 이해하기 쉽다.

주제 : 방학 중 가장 기억에 남는 일

예시 1 나는 여름 방학 동안 여러 가지 일을 했다. 먼저, 가족과 함께 바다에 갔다. 바다에 가서 우리는 해변에서 모래성을 쌓기도 하고, 물놀이를 하기도 했다. 해변에서 놀고 난 후에는 근처에 있는 식당에서 저녁을 먹었다. 저녁 식사는 정말 맛있었다. 다양한 음식을 먹었다. 식사 후에는 아이스크림 가게에 가서 아이스크림을 먹었다. 여름 방학 동안 다른 날에는 친구들과 함께 놀이 공원에 놀러 갔다. 회전목마도 타고 바이킹도 탔다.

예시 2 여름 방학 동안 가장 기억에 남는 일은 가족과 동해에 간 일이다. 우리는 해변에서 모래성을 쌓고, 파도타기를 하면서 신나게 놀았다.

예시 1 방학 중 가장 기억에 남는 일인데 이것저것 넣다 보니 핵심을 파악하기 어렵다.

예시 2 가장 기억에 남는 경험이나 사건을 명확하게 써서 쉽게 이해할 수 있다.

주제: 강아지는 많은 사람들에게 사랑받는 동물이다.

예시 1 강아지는 많은 사람들에게 사랑받는 동물이다. 강아지는 다양한 품종이 있으며, 각각의 품종은 특성이 다르다. 예를 들어, 골든 리트리버는 매우 친절하고 활동적이며, 어린이와 잘 어울린다. 또 다른 품종인 시추는 작고 귀여운 외모를 가지고 있으며, 주인의 곁에서 조용히 지내는 것을 좋아한다. 강아지는 원래 야생에서 사냥과 관련된 작업을 수행했으며, 그들의 조상은 늑대였다. 강아지와의 관계는 오랜 역사와 전통이 있으며, 사람들이 강아지를 애완동물로 기르게 된 이유도 그들의 충성심과 사랑스러운 성격 때문이다

예시 2 강아지는 많은 사람들에게 사랑받는 동물이다. 충성스럽고 사랑스러운 성격 덕분에 애완동물로 인기가 많다. 특히, 골든 리트리버는 활동적이고 어린이와 잘 어울려 많은 사람들에게 사랑받고 있다."

예시 1 너무 다양한 정보를 제공해 주제의 핵심이 흐려져 전달하고자 하는 이야기가 명확하게 보이지 않는다.

예시 2 불필요한 정보를 없애 주제를 쉽게 찾아낼 수 있다.

이처럼 길게 쓴 글이 항상 좋은 글은 아니다. 상황에 따라 짧고 명확하게 쓰는 것이 더 좋은 글이 될 수 있다. 길게 쓰면 주제에서 벗어날 수 있고, 읽는 사람이 이해하기 어려운 경우도 있다.

글을 쓸 때는 전달하고자 하는 바를 명확하고 분명하게 하는

것이 길게 쓰는 것보다 중요하다.

명확한 주제의 글쓰기를 위한 세 가지 방법

1. 이야기할 내용을 정확히 정한다

'내가 가장 좋아하는 동물은 강아지'라는 주제를 정하고 고양이에 대한 이야기를 길게 쓴다면 내용이 주제에서 벗어나 강아지에 대해서 이야기하고 싶은 것인지 고양이에 대해서 이야기하고 싶은 것인지 알 수 없다. 그러므로 이야기할 내용을 정확하게 정하는 것이 중요하다.

2. 처음, 중간, 끝에 대한 계획을 세운다

'내가 가장 좋아하는 동물'을 주제로 글을 쓸 때, 서론에 어떤 동물을 좋아하는지 간단히 소개한다. 본론에는 그 동물을 왜 좋아하는지, 그 동물과 관련된 재미있는 경험을 이야기한다. 마지막으로 결론에는 그 동물이 나에게 왜 특별한지 정리하면서 마무리한다.

3. 주제와 관련 없는 내용은 쓰지 않는다

'내가 가장 좋아하는 동물은 강아지'라는 글에서 강아지 이야기를 해야 하는데 좋아하는 TV 프로그램이나 게임 이야기를 한다면 주제와 상관없는 내용이므로 쓰지 않는다.

독서 기록, 숙제처럼 할 필요 없다

초등학교 2학년인 연우는 최근 학교에서 독서 기록을 시작했다. 매주 책 한 권을 읽고 독서 기록장에 줄거리를 요약하고, 느낀 점을 적어야 한다. 처음엔 흥미롭게 시작했지만, 점점 숙제처럼 느껴져서 책 읽는 것이 재미없어졌다.

"연우아, 요즘 무슨 일 있어? 우리 연우가 요즘 책 읽는 게 왜 이렇게 재미없어 보이지?"
"선생님, 책 읽는 게 숙제 같아서 재미없어요. 책을 읽으면 써야 해요. 쓰기가 싫어요."

독서를 하고 기록하는 활동은 아이가 읽었던 책의 내용을 다시 생각하고 정리하는 과정이다. 하지만 독서 후 활동을 숙제처럼 할 필요는 없다. 읽은 내용을 말로 물어보거나 질문을 하는 것만으로도 충분한 독서 기록이 될 수 있다.

아이가 저학년일 경우는 읽었던 책의 내용으로 글을 쓰는 활동이 어려울 수 있다. 그럴 때는 아이가 말하는 것을 어른이 대신 받아써 주는 것도 좋은 독서 활동 중 하나가 된다. 꼭 아이가 써야 할 필요는 없다. 아이의 생각을 들어주고 그 내용을 대신 써주는 활동을 통해 아이는 다시 생각하는 기회를 갖게 된다.

독서 활동이 숙제가 되어 버리면 아이는 책 읽기를 두려워할지도 모른다. 책을 읽으면 써야 한다는 사실만으로도 아이들은 숙제처럼 느끼기 때문이다. 독서 기록을 숙제처럼 하게 되면 책과 글쓰기에서 점점 더 멀어지는 일이 생길 수도 있다.

아이들은 쓰는 일보다 말하는 활동에 더 흥미를 느낀다. 책을 읽고 쓰는 활동보다는 말하는 활동이 더 쉽다는 얘기다. 이후 연우는 학교에서 새로운 책을 빌려왔다. 이번에는 독서 기록 대신, 책을 읽은 후 엄마와 책에 관한 내용을 이야기하기로 했다.

"엄마, 이 책은 돌멩이와 코끼리가 친구가 되어 여행을 떠나는 책이에요. 코끼리는 돌멩이랑 같이 다니는 게 든든하다고 해요. 재미있었던 건 다람쥐가 땅속에 숨겨 두었던 도토리가 떡갈나무가 된 장면이에요. 그리고 코끼리와 돌멩이 그림이 너무 귀여워요."

엄마는 연우의 이야기를 들으며 질문을 했다.

"그래? 그 코끼리는 왜 돌멩이가 든든하다고 했을까? 왜 책 제목이 '대단한 실수'인 걸까?"

연우는 엄마의 질문에 즐겁게 대답하며 책의 내용을 다시 생각해 봤다.

"코끼리는 반성을 잘하는데 실수하고 반성하면서 어른이 된다고 배웠어요. 그런데 돌멩이는 실수를 안 하니까 든든하다고 했어요. 음. 코끼리가 물을 뿌려 주어서 만나게 해 주었으니까 대단한 실수 같아요."

엄마는 연우의 이야기를 들으며 연우가 말한 내용을 간단히 기록해 주었다. 연우는 자신이 이야기한 내용을 엄마가 기록해 주어 좋았다.

연우는 이제 책 읽는 것이 더 이상 숙제가 아니다. 책을 읽고 엄마와 이야기 나누며 자신의 생각을 자유롭게 표현하는 시간이 되었다.

독서가 숙제가 되지 않는 세 가지 방법

1. 글쓰기에 너무 집착하지 않는다

독서를 하고 기록하는 활동은 아이가 읽었던 책의 내용을 다시 생각하고 정리하는 과정이다. 하지만 글쓰기에 너무 집착하면 아이에게 부담이 될 수 있다.

2. 자유로운 표현을 허용한다

아이가 저학년일 경우, 쓰는 활동이 어려울 수 있다. 이때는 아이가 말하는 것을 어른이 대신 받아써 주는 것도 좋은 방법이다. 꼭 아이가 써야 할 필요는 없다. 아이의 생각을 들어주고 들은 내용을 대신 써주는 활동을 통해 아이는 다시 생각하는 기회를 갖게 된다.

3. 강요하지 않는다

독서 활동이 숙제가 되어버리면 아이는 책 읽기를 두려워할지도 모른다. 책을 읽으면 써야 한다는 사실만으로도 아이들은 숙제처럼 느끼기 때문이다. 아이들은 숙제를 좋아하지 않는다. 독서 기록을 숙제처럼 하게 되면 책과 글쓰기에서 점점 더 멀어지는 일이 생길 수 있다.

부록

매일 필요한 글쓰기 재료

〈글감 고민을 덜어주는 신박한 주제 50〉

번호	글감 고민을 덜어주는 신박한 주제 50
1	가장 좋아하는 동물은 무엇인가요? 그 동물의 어떤 점이 마음에 드나요?
2	가족 중 한 명을 소개해 주세요. 그 사람과 함께한 재미있는 순간을 이야기해 주세요.
3	나만의 발명품을 만든다면 무엇을 만들고 싶나요? 그 발명품은 어떤 기능을 가지고 있나요?
4	가장 기억에 남는 생일 파티는 무엇이었나요? 그날의 특별한 순간들을 이야기해 주세요.
5	가보고 싶은 나라는 어디인가요? 이유는 무엇인가요?
6	가장 무서웠던 순간은 언제였나요? 그때 어떻게 했고, 어떻게 극복했나요?
7	미래의 나에게 편지를 쓴다면 어떤 이야기를 전하고 싶나요?
8	친구를 위해 만든 특별한 선물은 무엇이었나요? 그 선물의 의미를 이야기해 주세요.
9	나만의 비밀 장소가 있다면 어떤 곳인가요? 그 장소에서 무엇을 하거나 생각하나요?
10	가장 좋아하는 계절은 무엇인가요? 그 계절의 어떤 점이 좋고, 어떤 활동을 하고 싶나요?
11	나만의 로봇을 만든다면 어떤 기능을 넣고 싶나요? 그 로봇은 어떤 일을 해 줄까요?
12	가장 좋아하는 만화 캐릭터는 누구인가요? 그 캐릭터가 어떤 점에서 특별한가요?
13	해결하고 싶은 문제가 있다면 무엇인가요? 그 문제를 어떻게 해결하고 싶나요?
14	자신이 만든 이야기 중에서 가장 재미있었던 것은 무엇인가요? 그 이야기를 들려주세요.
15	어떤 동물을 키우고 싶나요? 그 동물을 키우면 어떤 점이 좋을까요?
16	자신이 가장 잘하는 것은 무엇인가요? 그 능력을 어떻게 발휘하고 있나요?
17	상상하는 외계인은 어떤 모습일까요? 그 외계인은 어떤 특성을 가지고 있나요?

18	가장 좋아하는 과자는 무엇인가요? 그 과자를 먹으면 어떤 기분이 드나요?
19	만약 나만의 슈퍼 파워가 있다면 어떤 능력을 갖길 원하나요? 그 능력을 어떻게 사용할 건가요?
20	시간이 멈춘다면 무엇을 하고 싶나요? 그 시간을 어떻게 활용할 건가요?
21	동물과 대화할 수 있다면 어떤 동물과 대화하고 싶나요? 그 동물에게 어떤 질문을 해 보고 싶나요?
22	내가 만든 새로운 언어로 한 문장을 만들어 보세요. 그 언어는 어떤 느낌인가요?
23	가장 좋아하는 동화 속으로 들어가서 하루를 보낸다면, 그 동화에서는 어떤 일이 일어날까요?
24	모든 과목에서 1등을 한다면 어떤 기분일까요? 그 성취감을 어떻게 즐길 건가요?
25	하루 동안 투명 인간이 된다면 무엇을 하고 싶나요? 그 시간에 어떤 일을 해 보고 싶나요?
26	내가 좋아하는 색으로 세상을 칠할 수 있다면, 세상은 어떤 모습일지 상상해 보세요.
27	미래의 나에게 편지를 써보세요. 미래의 나에게 어떤 이야기를 전하고 싶은지 적어보세요.
28	잔소리가 없는 하루, 어떤 일을 하고 싶고 어떤 기분일지 상상해 보세요.
29	학교에 가기 싫었는데 갑자기 휴교를 한다면, 그날을 어떻게 보낼 것인지 이야기해 보세요.
30	우리 집에 미래로 가는 문이 있다면, 그 문을 통해 어디로 가고 싶고 무엇을 하고 싶은지 이야기해 보세요.
31	방 안의 장난감들이 갑자기 말을 한다면, 나의 반응은 어떨지 상상해 보세요. 장난감들과 어떤 이야기를 나누고 싶나요?
32	잠이 들면 항상 같은 곳으로 가는 꿈을 꾸는데, 그곳에서는 모든 것이 가능해요. 어떤 것을 해 보고 싶은지 이야기해 보세요.
33	마법의 책을 발견했어요. 그 책은 어떤 내용이고, 어떤 마법이 있는지 상상해 보세요.
34	내가 만든 로봇과 하루만 친구가 될 수 있다면, 함께 어떤 일을 하고 싶은지 이야기해 보세요.
35	하루 동안 만화 캐릭터가 될 수 있다면, 어떤 캐릭터가 되고 싶은지 그리고 그 캐릭터로 어떤 일을 하고 싶은지 이야기해 보세요.
36	새로운 스포츠를 만들어 보세요. 그 스포츠의 규칙은 무엇이고, 어떤 사람들이 참가할 수 있는지 상상해 보세요.

37	내 눈앞에 있는 문을 통과하면 다른 나라로 여행을 떠날 수 있어요. 그 문을 열면 어떤 나라에 도착할 것 같고, 거기서 무엇을 하고 싶은지 이야기해 보세요.
38	집안의 물건들이 밤마다 깨어나 벌어지는 일을 이야기로 만들어 보세요. 그 물건들은 어떤 일을 하고, 어떤 사건이 일어날까요?
39	자고 일어나니 개미가 되어 있었어요. 부모님이 나를 못 알아본다면, 어떻게 반응하고 무엇을 할지 상상해 보세요.
40	집에서 나만의 공간을 찾아 소개해 보세요. 그 공간은 어떤 모습이고, 그곳에서 무엇을 하며 시간을 보내는지 이야기해 보세요.
41	100년 후 지구를 우주에서 바라본다면, 지구는 어떤 모습일지 상상해 보세요. 지구의 변화된 모습에 대해 이야기해 보세요.
42	매일매일이 생일이라면, 어떤 특별한 일을 하고 싶고, 생일을 어떻게 즐길지 이야기해 보세요.
43	공부를 하지 않고도 100점을 받는다면, 어떤 기분일지, 그리고 어떻게 지내고 싶은지 상상해 보세요.
44	주머니 속에 넣고 다니고 싶은 물건이 있다면, 그 물건은 무엇이고 어떤 특별함을 가지고 있는지 이야기해 보세요.
45	나의 미래를 알게 된다면, 어떤 모습을 보고 싶은지 그리고 그 미래에서 무엇을 하고 싶은지 상상해 보세요.
46	내가 좋아하는 동화책의 주인공을 바꾼다면, 그 주인공은 어떤 모습일지, 그리고 그 주인공으로 어떤 모험을 하고 싶은지 이야기해 보세요.
47	미래의 집을 상상해 보세요. 그 집에는 어떤 신기한 것들이 있을까요?
48	자신이 생각하는 완벽한 휴일은 어떤 모습일까요? 그날에는 무엇을 하고 싶나요?
49	미래의 자동차를 디자인해 보세요. 그 자동차에는 어떤 기능이 있고, 어떻게 움직이나요?
50	자신이 만든 특별한 요리 레시피를 소개해 보세요. 그 요리는 어떤 재료로 만들고, 어떻게 요리하나요?

〈아이들이 짝꿍에게 추천한 학년별 추천도서 리스트〉

번호	추천 학년	도서명	출판사	출간 연도
1	1, 2학년	수박	길벗어린이	2021
2		책 먹는 여우의 여름 이야기	주니어김영사	2022
3		진짜 일 학년 책가방을 지켜라	천개의바람	2017
4		감정 호텔	책읽는곰	2024
5		위대한 건축가 안토니오 가우디의 하루	책속물고기	2015
6		아홉 살 마음 사전	창비	2017
7		고양이 해결사 깜냥 1	창비	2020
8		수상한 화장실	북멘토	2020
9		마음 마트	노란돼지	2024
10		바다의 신 개양할미	고래가숨쉬는 도서관	2024
11		사랑은 토마토 스파게티일까?	초록귤(우리학교)	2024
12		마법의 빨간 공	우리학교	2022
13		Glow글로우	피카주니어	2024
14		사자마트	천개의바람	2023
15		정말 정말 소리 지르고 싶어!	국민서관	2021
16		방구방구 탐정단	계수나무	2023
17		아무도 지지 않았어	주니어김영사	2020
18		왕구리네 떡집	비룡소	2024
19		귀 큰 토끼의 고민 상담소	시공주니어	2019
20		노랑마을 파랑마을	키즈돔	2017
21		우주 택배	시공주니어	2021
22		고마워, 한글	푸른숲주니어	2015
23		빈센트 반 고흐	비룡소	2022
24		산호 숲을 살려 주세요!	함께자람	2021
25		위대한 똥 공장	라임	2023
26		오늘은 용돈 버는 날	풀빛	2022
27		마스크 요정과 꼬마꽃벌	문학동네	2022
28		라면 맛있게 먹는 법	문학동네	2015
29		오늘의 투명 일기	스푼북	2023
30		우렁 소녀 발차기	스푼북	2023

번호	추천 학년	도서명	출판사	출간 연도
1	3, 4학년	후회의 이불킥	잇츠북어린이	2022
2		잔소리 없는 날	보물창고	2015
3		대단한 실수	만만한책방	2021
4		토마토 기준	문학동네	2022
5		누리호의 도전	위즈덤하우스	2023
6		빨간 문이 수상해	알라딘북스	2023
7		슈슈 씨의 범인 찾기	함께자람(교학사)	2022
8		긴긴밤	문학동네	2021
9		똥싸기 힘든 날	마음이음	2018
10		전쟁을 끝낸 파리	한마당	2017
11		마천루 빌딩 네거리에 슈퍼 히어로가 나타났다	우리교육	2023
12		날마다 만 원이 생긴다면	별숲	2022
13		일곱 번째 노란 벤치	비룡소	2021
14		도서관에 간 꼬마 귀신	키큰도토리	2024
15		백만 유튜버 구드래곤	다산어린이	2024
16		사라진 연필깎이	한림출판사	2024
17		엄마 아빠 구출 소동	키다리	2024
18		매일 우리 몸에서는 무슨 일이 일어나고 있을까?	풀과바람	2024
19		명탐견 오드리, 예감은 꼬리에서부터	사계절	2024
20		우리 반에 디지털 악당이 있다고?	키위북스	2024
21		1000% 충전 완료	천개의바람	2024
22		엄마 아빠 자격증	고래가숨쉬는도서관	2024
23		당신의 소원을 들어드립니다	비룡소	2021
24		오늘부터 배프! 베프!	문학동네	2021
25		애니캔	별숲	2022
26		담을 넘은 아이	비룡소	2019
27		악당의 무게	휴먼어린이	2014
28		바꿔!	비룡소	2018
29		강남 사장님	비룡소	2020
30		수상한 저주 쪽지	보랏빛소어린이	2023

번호	추천 학년	도서명	출판사	출간 연도
1	5, 6학년	색깔을 훔치는 아이	보랏빛소어린이	2024
2		구멍에 빠진 아이	다림	2009
3		초정리 편지	창비	2013
4		편의점 도난사건	밝은미래	2019
5		복제인간 윤봉구	비룡소	2017
6		햇빛초 대나무 숲에 새 글이 올라왔습니다	우리학교	2020
7		비행기에서 쓴 비밀 쪽지	그린애플	2022
8		1930, 경성 설렁탕	머스트비	2018
9		온라인 그루밍이 시작되었습니다	내일을여는책	2023
10		귀명사 골목의 여름	한빛에듀	2024
11		열세 살의 걷기 클럽	사계절	2023
12		몬스터 차일드	사계절	2021
13		기소영의 친구들	사계절	2022
14		파리 잡기 대회	책과콩나무	2015
15		우주의 속삭임	문학동네	2024
16		최악의 최애	다산어린이	2024
17		일단 치킨 먹고, 사춘기!	주니어RHK	2024
18		마지막 지도 제작자	책읽는곰	2024
19		세금 내는 아이들	한경키즈	2021
20		5번 레인	문학동네	2020
21		불량한 자전거 여행	창비	2009
22		해리엇	문학동네	2011
23		책과 노니는 집	문학동네	2009
24		아름다운 아이	책과콩나무	2023
25		조선 최고꾼	비룡소	2022
26		노잣돈 갚기 프로젝트	문학동네	2015
27		분홍문의 기적	비룡소	2016
28		햇빛초 대나무 숲의 모든 글이 삭제되었습니다	우리학교	2024
29		우리 반 고민 휴지통	킨더랜드	2022
30		유튜브 전쟁	M&Kids	2019

에필로그

모든 아이들이 즐겁게 쓰는 그날까지

아이들이 어릴 때 서점에 가는 일을 즐겼습니다. 서점에는 아이들이 읽어야 할 필독서들이 많았고, 그런 책들을 보는 것만으로도 제 마음이 즐거웠습니다. 서점에 갈 때마다 아이들이 읽었으면 하는 책 몇 권을 구입했고, 집에 와서는 좋은 선택이었다며 스스로를 만족시켰습니다. 또한, 밖에서 직접 보고 사는 것 외에도 표지가 예쁘거나 제목이 흥미로운 책들을 장바구니에 가득 담아 두곤 했습니다. 제 눈을 반짝이게 하는 책들이 마음을 사로잡았기 때문입니다. 하지만 세 아이들의 책에 대한 반응은 시큰둥했습니다. 읽히고 싶어 했던 마음이 한순간에 흔들렸습니다. 아이들은 늘 읽던 책을 가져와 읽어 달라고 경쟁을 벌였습니다. 새로운 책을 읽히고 싶은 엄마의 마음은 아이들에게 전해지지 않았던 것 같습니다.

저는 욕심이 많은 엄마였습니다. 이 사실은 지금도 변함이 없습니다. 제가 아무리 좋은 책이라고 생각해도, 아이들의 눈에는 재미없을 수 있다는 것을 깨닫기까지는 오랜 시간이 걸렸습니다. 첫째 아이는 주로 과학 실험 관련 책을 선택했고, 둘째는 곤충에 관한 책을 좋아했습니다. 셋째는 얇아도 스토리가 있는 책을 주로 선택했습니다. 아이들이 어릴수록 많은 책을 읽히라는 말이 틀리지 않았다고 생각합니다. 하지만 흥미가 있어야 여러 권의 책을 읽을 수 있다는 사실을 아이들을 키우면서 깨달았습니다.

'초등 글쓰기 연구소'를 열고, 책 읽기가 어려운 아이들, 빈 종이에 글쓰기를 두려워하는 아이들을 위해 이 책을 쓰기 시작했습니다. 글쓰기를 통해 위로받고, 단단해지길 바라는 마음을 담아서 말이죠. 아이들의 세상에 글쓰기가 없는 곳은 없습니다. 글쓰기는 거의 모든 과목과 연결되어 있으며, 초등학교 때 쌓아 둔 글쓰기 능력은 중·고등학교 과정에서 꼭 필요한 기반이 될 것입니다.

우리 아이들의 글쓰기는 '써내는 것'이 아니라 '써보는 것'이어야 합니다. 글은 단순히 결과를 내야 하는 것이 아니라, 써가며 알아가는 과정임을 알아주셨으면 좋겠습니다.

아이들이 글쓰기를 통해 새로운 경험을 쌓고, 어려운 순간에도 흔들리지 않는 단단한 존재로 성장하길 바랍니다.

◦ **참고 문헌**

『활동 중심 독서 지도』, 천경록 외, 교육과학사.

『초등공부, 도서로 시작해 글쓰기로 끝내라』, 김성효, 해냄

◦ **책에 소개된 어린이 도서**

『초정리 편지』, 배유안, 창비

『단톡방 귀신』, 제성은, 마주별

『파인만, 과학을 웃겨 주세요』, 김성화, 권수진 공저, 탐

『수박』, 김영진, 길벗어린이

『로빈슨 크루소』, 대니얼 디포, 스푼북

『도서관에 간 외계인』, 박미숙, 최향숙, 킨더랜드

『매일매일 내 생일』, 김지영, 주니어김영사

『구멍에 빠진 아이』, 조르디 시에라 이 화브라, 다림

『오늘도 용맹이1』, 이현, 비룡소

『후회의 이불킥』, 백혜영, 잇츠북어린이

『책과 노니는 집』, 이영서, 문학동네

『어린 왕자』, 앙투안 드 생텍쥐페리, 열린책들

『날마다 만 원이 생긴다면』, 조은진, 별숲

『하루 10분 초등 신문 1호』, 오현선, 서사원주니어

『기분을 말해 봐』, 앤서니 브라운, 웅진주니어

『대단한 실수』, 김주현, 만만한책방

『토마토 기준』, 김준현, 문학동네